ISW Forschung und Praxis

Berichte aus dem Institut für Steuerungstechnik
der Werkzeugmaschinen und Fertigungseinrichtungen
der Universität Stuttgart

Herausgeber: Prof. Dr.-Ing. G. Pritschow

Band 72

Dieter Pfeiffer

Kompensation thermisch bedingter Bearbeitungsfehler durch prozeßnahe Qualitätsregelung

Springer-Verlag Berlin Heidelberg GmbH 1988

D 93

Mit 67 Abbildungen

ISBN 978-3-540-18949-7 ISBN 978-3-662-08148-8 (eBook)
DOI 10.1007/978-3-662-08148-8

Gesamtherstellung: Druckerei Kuhnle, Esslingen

2362/3020-543210

Geleitwort des Herausgebers

In der Reihe „ISW Forschung und Praxis" wird fortlaufend über Forschungsergebnisse des Instituts für Steuerungstechnik der Werkzeugmaschinen und Fertigungseinrichtungen der Universität Stuttgart (ISW) berichtet, das sich in vielfältiger Form mit der Weiterentwicklung des Systems Werkzeugmaschine und anderer Fertigungseinrichtungen beschäftigt. Die Arbeiten dieses Instituts konzentrieren sich im besonderen auf die Bereiche Numerische Steuerungen, Prozeßrechnereinsatz in der Fertigung, Industrierobotertechnik sowie Meß-, Regel- und Antriebssysteme, also auf die aktuellsten Bereiche der Fertigungstechnik. Dabei stehen Grundlagenforschung und anwenderorientierte Entwicklung in einem stetigen Austausch, wodurch ein ständiger Technologietransfer zur Praxis sichergestellt wird.

Die Buchreihe erscheint in zwangloser Folge und stützt sich auf Berichte über abgeschlossene Forschungsarbeiten und Dissertationen. Sie soll dem Ingenieur bei der Weiterbildung dienen und ihm Hilfestellungen zur Lösung spezifischer Probleme geben. Für den Studierenden bietet sie eine Möglichkeit zur Wissensvertiefung. Sie bleibt damit unter erweitertem Namen und neuer Herausgeberschaft unverändert in der bewährten Konzeption, die ihr der Gründer des ISW, der leider allzu früh verstorbene Prof. Dr.-Ing. G. Stute, im Jahre 1972 gegeben hat.

Der Herausgeber dankt der Druckerei für die drucktechnische Betreuung und dem Springer Verlag für Aufnahme der Reihe in sein Lieferprogramm.

G. Pritschow

Vorwort

Die vorliegende Arbeit entstand während meiner Tätigkeit als wissenschaftlicher Mitarbeiter am Institut für Steuerungstechnik der Werkzeugmaschinen und Fertigungseinrichtungen der Universität Stuttgart.

Herrn Professor Dr.-Ing. A. Storr gilt mein besonderer Dank für das Interesse an meiner Arbeit und die wohlwollende Unterstützung bei ihrer Entstehung. Seine intensive Durchsicht sowie die wertvollen Hinweise haben in hohem Maße zu ihrem Gelingen beigetragen. Ebenso danke ich Herrn Professor Dr.-Ing. G. Pritschow für weitere hilfreiche Anregungen.

Mein Dank gilt auch Herrn Professor Dr.-Ing. H.-J. Warnecke für seine Bereitschaft, den Mitbericht zu übernehmen.

Darüber hinaus möchte ich allen Mitarbeiterinnen und Mitarbeiter des Instituts danken, die durch Diskussion und anregende Kritik meiner Arbeit zusätzliche Impulse verliehen haben. Insbesondere gilt dieser Dank den Herren Dr.-Ing. P. Kohler und Dipl.-Ing. G. Krattenmacher.

Dieter Pfeiffer

Inhaltsverzeichnis Seite

Abkürzungen und Begriffe

CNC	Computer Numerical Control
DNC	Direct Numerical Control
EIA-RS 232	Standardisierte Schnittstelle (DIN 66020)
EIA-RS 422	Standardisierte Schnittstelle (DIN 66259, 66258)
EIA-RS 485	Standardisierte Schnittstelle (DIN 66259, 66258)
IT	Qualität
ISO	International Standardisation Organisation
MEA	Meßwerterfassungs- und -auswertesystem
MIM	Messen in der Maschine
MS	Maschinenmeßsystem
NTC	negativer Temperaturkoeffizient
OSI	Open Systems Interconnection
PC	Personal Computer
PS	Prüfsystem
PTC	Positiver Temperaturkoeffizient
SPS	Speicherprogrammierbare Steuerung
WS	Werkstück
WZ	Werkzeug
WZM	Werkzeugmaschine
X,Y,Z	Koordinaten im Maschinensystem
3D	dreidimensional

Formelzeichen und Einheiten

(begrenzt vorkommende Formelzeichen werden an betreffender Stelle erklärt)

A	mm	Abstand
a_i		Koeffizienten der Ausdehnungsfunktion
c	N/mm	Federsteifigkeit
F_R	mm	Restfehler der Maschine
H	mm	Meßhöhe über Boden
K	mm	Korrekturwert für die CNC
L_o	mm	Länge bezogen auf 20^oC
L_B	mm	Bettlänge
L_E	mm	Einwirkungslänge der Temperatur
L_F	mm	Federlänge
L_M	mm	Meßsystemlänge
L_{Mo}	mm	Meßsystemlänge bezogen auf 20^oC
L_{Ma}	mm	Anfangsabschnittslänge des Meßsystems
L_{Mt}	mm	Teilabschnittslänge des Meßsystems
L_{Me}	mm	Endabschnittslänge des Meßsystems
L_T	mm	Tischlänge
L_W	mm	Werkstücklänge
L_{Wo}	mm	Werkstücklänge bezogen auf 20^oC
L_{WI}	mm	gemessene Werkstückistlänge über MIM
L_{WIk}	mm	kompensierte, gemessene Werkstückistlänge
L_{WS}	mm	Werkstücksollänge
ΔL_{BT}	mm	thermoelastische Bettdehnung
ΔL_{FT}	mm	thermoelastische Federdehnung
ΔL_{FV}	mm	vorspannungsbedingte Federdehnung
ΔL_M	mm	gesamte Meßsystemdehnung
ΔL_{MT}	mm	thermoelastische Meßsystemdehnung
ΔL_{MV}	mm	vorspannungsbedingte Meßsystemdehnung
ΔL_{Mti}	mm	Ausdehnung des Meßsystemteilabschnitts
ΔL_W	mm	gesamte Werkstückdehnung
ΔL_{WSt}	mm	Ausdehnung der Stirnfläche
ΔL_{WT}	mm	thermoelastische Werkstückdehnung

M_U	mm	abgelesenes Maß an einer Meßuhr
$\Delta M_{W\alpha}$	mm	Maßfehler infolge verschiedener α
ΔM_{WL}	mm	Maßfehler infolge Lastverformung
ΔM_{WT}	mm	thermoelastischer Maßfehler
M_i		Meßstelle
MP		Meßpunkt
m		Federsteifigkeitsverhältnis
S	mm	Schrägstellung des Maschinentisches
T	^oC	Temperatur
T_o	^oC	Bezugstemperatur (20°C)
T_E	^oC	Einrichtetemperatur für das Meßsystem
T_B	^oC	Bettemperatur
T_{BH}	^oC	Beharrungstemperatur
$T_{AB}(t)$	^oC	Abkühlungstemperatur
$T_{ER}(t)$	^oC	Erwärmungstemperatur
T_H	^oC	Maschinenhallentemperatur
T_i	^oC	Temperatur zum Meßzeitpunkt t_i
T_M	^oC	Meßsystemtemperatur
T_{Ma}	^oC	Maschinentemperatur
T_{Mi}	^oC	Temperatur der Meßstelle M_i
T_T	^oC	Maschinentischtemperatur
T_W	^oC	Werkstücktemperatur
ΔT_{Wik}	^oC	Temperaturänderung einer Meßstelle am Werkstück zum Meßzeitpunkt t_k
ΔT_Z	^oC	Temperaturänderung durch Zerspanung
t	s	Zeit
t_k	s	Meßzeitpunkt $t = t_k$
α	$1/^oC$	Ausdehnungskoeffizient
λ	µm	Wellenlänge
ε		Emissionsgrad
ρ		Reflexionsgrad
τ		Transmissionsgrad

1 Einleitung und Aufgabenstellung

Steigende Anforderungen an die Qualität von Produkten und an die Nutzung kapitalintensiver Fertigungseinrichtungen führen dazu, daß ihrer Überwachung und der Qualitätssicherung ein verstärkter Stellenwert zukommt. Die vom Menschen unabhängige Überwachung aller am Fertigungsprozeß beteiligten Systeme stellt eine wirtschaftliche und technische Notwendigkeit dar /1/. Die Überwachungsergebnisse können in Regelkreisen eine On-line-Beeinflussung des Fertigungsablaufs bewirken. Kennzeichen eines Fertigungsprozesses hoher Produktivität sind die Gleichmäßigkeit der gefertigten Werkstückqualität und damit ein geringer Nachbearbeitungsanteil sowie eine konstante, hohe Maschinenauslastung.

Durch die Forderung nach verkürzten Durchlaufzeiten, reduziertem Materialbestand und immer höherer Fertigungsgenauigkeit gewinnt die in den vergangenen Jahren vernachlässigte maschinenintegrierte Meßtechnik zunehmend an Bedeutung. Allerdings verhindern häufig wenig flexible Meß- und Prüfverfahren ihren Einsatz in der automatisierten Fertigung. Aber ausschließlich die Integration geeigneter Prüfsysteme in den Fertigungsfluß und der Ersatz der reinen Produktendkontrolle durch eine fertigungsbegleitende Prüfung erlauben eine schnellere Fehlererkennung und eine verzögerungsärmere Fehlerkorrektur /2/.

Ein Ziel der Automatisierungsbestrebungen sind Qualitätsregelkreise, die sowohl übergeordnet durch vorzugsweise langfristige Maßnahmen die Fertigungsgüte sichern als auch prozeßnah mittels zugeschnittener und kostengünstiger Systeme eine wirkungsvolle Reaktion auf plötzlich auftretende Störgrößen ermöglichen.

Die Qualitätsregelkreise machen eine weitreichende informationstechnische Verknüpfung aller beteiligten Komponenten notwendig. Für eine umfassende Integration sind deshalb die

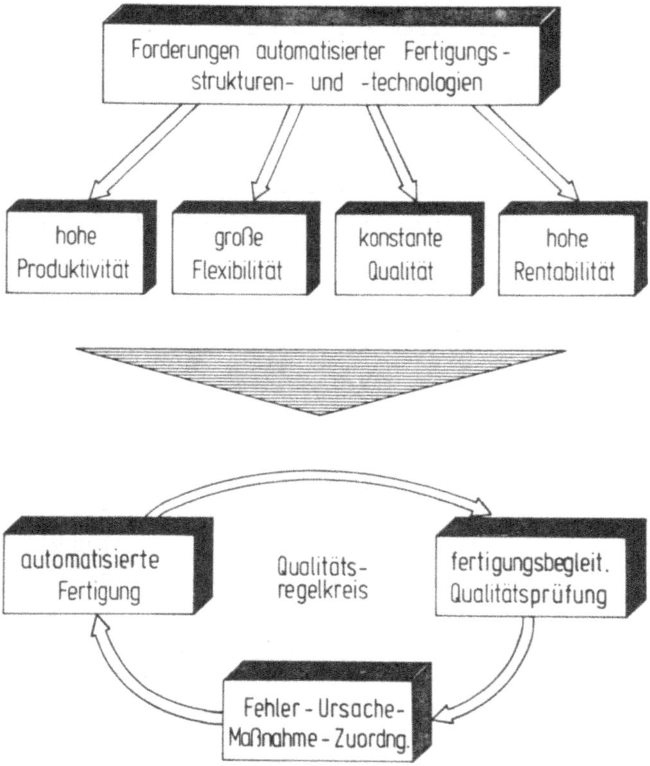

Bild 1.1: Notwendigkeit einer fertigungsbegleitenden Qualitätssicherung

eindeutige Definition, Transparenz und Zugänglichkeit von Schnittstellen zu gewährleisten /3/.

Die Hoffnungen, daß durch zunehmend verbesserte Fertigungsprozesse auf begleitende Prüfungen verzichtet werden könnte, haben sich nicht bestätigt. Im Gegenteil, die Störbeeinflussung nimmt mit der Komplexität des Fertigungsprozesses zu. Neben den Einflußgrößen, die von der Bearbeitungsmaschine herrühren, sind u. a. die nicht maschinenspezifischen

Umgebungstemperatureinflüsse entscheidend für die produzierte Qualität. Diese Auswirkungen führen insbesondere bei der Fertigung großer und langer Werkstücke auf Großbearbeitungsmaschinen unter Umständen zu erheblichen Toleranzüberschreitungen. Die Berücksichtigung der Temperatur ist somit eine wesentliche Voraussetzung für maßgenaues Fertigen großer Werkstücke.

Die schwierigen Erfassungsmöglichkeiten der thermischen Umgebungseinflüsse und die komplexe Ermittlung der sich daraus ergebenden Zusammenhänge erschweren in der Praxis die Berechnung entsprechender Korrekturdaten, die on-line in die Fertigung zurückgeführt werden können. Als Folge der geringen Bedeutung, die diesen Störeinflüssen immer noch zuteil wird, sind ihre Ursachen bisher nicht in ausreichendem Maße bekannt.

Damit ergibt sich die Notwendigkeit, die Auswirkungen der thermischen Einflüsse aus der Umgebung in bezug auf die Großteilefertigung zu erfassen, zu analysieren und daraus Algorithmen für die Korrektur der Fertigung abzuleiten. Darüber hinaus ist die Vorgehensweise zum Aufbau eines prozeßnahen Qualitätsregelkreises zu systematisieren und ein Prüfsystem vor dem Hintergrund einer selbsttätig ablaufenden Qualitätssicherung zu entwickeln. Die vorliegende Arbeit soll einen Beitrag zu dieser Problemstellung liefern.

2 Maschinengestützte Temperaturkompensation und prozeßnahe Qualitätssicherung

Neben der statischen und dynamischen Belastung einer Bearbeitungsmaschine führt die thermisch bedingte Verformung bekannterweise oft zu erheblichen Fertigungsfehlern. Vor allem im Bereich der Großteilefertigung sind die extern einwirkenden Umgebungseinflüsse betragsmäßig höher als die maschineninternen. Ursache hierfür sind insbesondere Temperaturschwankungen und -schichtungen in der Maschinenhalle, Sonnen- und Wärmeeinstrahlung und Luftbewegungen /4/.

Da die externen Umgebungseinflüsse starken zeitlichen Veränderungen unterliegen, kann über pauschale, im Vorfeld der Bearbeitung ermittelte Korrekturdaten keine ausreichende, gleichbleibende Genauigkeitsverbesserung erzielt werden. Es ist vielmehr eine fertigungsbegleitende Qualitätssicherung erforderlich, die die rechtzeitige Zwischenprüfung der Werkstücke mit anschließender Regelung des Fertigungsprozesses in jeder Arbeitsfolge durchführt. Mit Hilfe einer weitgehend automatisierten Meßdatenerfassung in Verbindung mit einer unmittelbar folgenden Fehler-Ursache-Maßnahme-Zuordnung und Korrekturdatenrückführung lassen sich Reaktionen bei Gefahr der Toleranzüberschreitung besonders schnell einleiten. Die Endprüfung kann sich unter der Voraussetzung einer ausreichend sicheren Fertigungsmeßtechnik im wesentlichen darauf beschränken, die Wirksamkeit der prozeßnahen Prüfverfahren und ihre fertigungsregelnden Eingriffe zu überwachen.

Das Ziel der Fertigungsmeßtechnik ist die Sicherung der Qualität über den gesamten Herstellungsprozeß, wobei dem Grundsatz "Qualität kann nicht erprüft, sondern muß erzeugt werden" Rechnung getragen wird /2/. Ein Hilfsmittel dazu sind Qualitätsregelkreise, wie dieser Beitrag zeigen wird.

2.1 Begriffsdefinitionen

Bevor die Thematik näher eingegrenzt wird, ist es notwendig, die verwendeten Begriffe im Umfeld der Qualitätsregelkreise zu klären (Bild 2.1) /5, 6, 7,/.

Qualitätssicherung
Oberbegriff aller qualitätsbezogenenen Tätigkeiten eines Betriebs, um Störeinflüsse zu erkennen und zu beseitigen bzw. ihre Auswirkungen auf die Produktqualität auszugleichen.

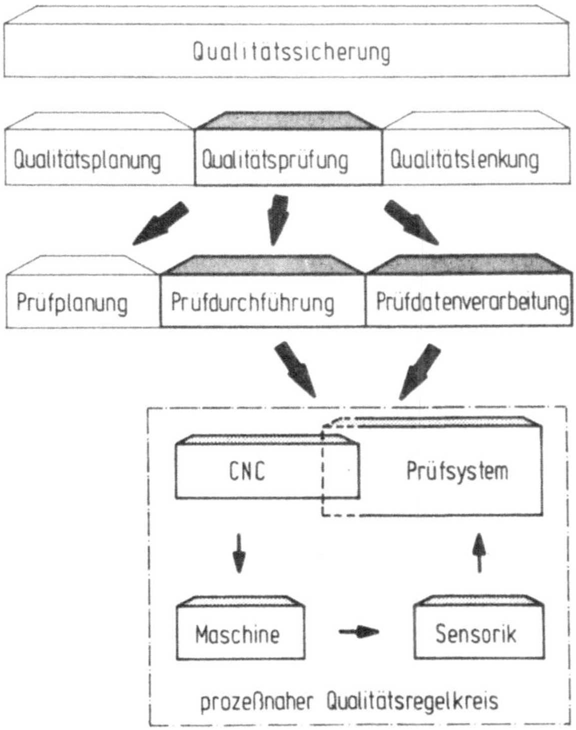

Bild 2.1: Einordnung der Begriffe zur Qualitätssicherung

Qualitätsprüfung
Überprüfung, inwieweit die Produkte und die Fertigung die an sie gestellten Anforderungen erfüllen /8/.

Prüfdurchführung
Ausführung der Prüftätigkeiten gemäß Prüfplan und Erzeugung des geforderten Protokolls /8/.

Prüfdatenverarbeitung
Sämtliche Tätigkeiten des Aufbereitens, Verarbeitens, Verdichtens und Bewertens hinsichtlich der Qualitätslenkung und der Steuerung des Prüfaufwandes.

Qualitätsregelkreise
Die informationstechnische Verknüpfung der Prüfdurchführung und der Prüfdatenverarbeitung durch automatisch arbeitende Systeme zur Erzeugung einer möglichst gleichmäßigen Fertigungsqualität, wobei durch selbsttätiges Einleiten von Kompensationsmaßnahmen Störeinflüsse on-line ausgeregelt werden. Grundsätzlich unterscheidet man zwischen /9/

- **übergeordnetem Qualitätsregelkreis**, wobei die Datenrückführung über Mehrkoordinatenmeßgerät und z. B. Fertigungsrechner abläuft. Sie werden dann eingesetzt, wenn die Qualitätsprüfung an zentraler Stelle für mehrere Maschinen durchgeführt wird (z. B. in flexiblen Fertigungssystemen). Die Auswertung der Meßdaten (Fehler-Ursache-Maßnahme-Zuordnung) erfolgt im Fertigungs-, Leit- oder Zellenrechner. Das Ziel neben der Fertigungsregelung ist insbesondere die statistische Langzeitauswertung, wobei Fehlerbewertungsmaßnahmen auch Reaktionen in der Arbeitsvorbereitung auslösen können; und
- **prozeßnahem Qualitätsregelkreis** durch Einbeziehung von maschinengestützten Prüfverfahren zur On-line-Datenrückführung in den Fertigungsablauf. Kennzeichen ist das Bearbeiten und Prüfen an ein und demselben Ort mit schnellen Reaktionen auf ermittelte Maßabweichungen. Die Komponenten dieses Regelkreistyps sind:

- **Sensor**
  Das erste Element einer Meßkette, das eine physikalische Größe in ein geeignetes Meßsignal umformt /6/.

- **Prüfsystem**
  Das Prüfsystem erfaßt Informationen, die von Sensoren stammen bzw. vom Prüfer abgelesen werden. Mittels einer Verarbeitungsvorschrift werden die Daten analysiert und mit dem Sollwert verglichen, um daraus die Korrekturmaßnahmen abzuleiten und schließlich die Korrekturdaten zu berechnen.

- **Bearbeitungsmaschine**
  Sie ist ausführendes Organ zur Herstellung der Werkstückgeometrie. Bei maschinengestützten Prüfverfahren ist sie gleichzeitig auch Meßgerät.

- **Maschinensteuerung (CNC)**
  Sie wandelt die Steuerdaten für die Fertigung und den Meßvorgang in Stellbewegungen für Werkzeuge und Sensorik um. Unter bestimmten Voraussetzungen werden auch Prüfsystemfunktionen ausgeführt.

2.2 Problemstellung

Trotz zunehmender fertigungs-, steuerungs- und meßtechnischer Sicherheit wird bei weitem nicht erreicht, daß sämtliche produzierten Teile sich innerhalb vorgegebener Toleranzen bewegen. Dies liegt einerseits an dem stetigen Wunsch nach reduzierten Fertigungstoleranzen (IT6...IT5), andererseits legen Maschineneigenschaften und Fertigungsbedingungen Grenzen des Erreichbaren fest. Insbesondere die Auswirkungen maschinen- sowie umgebungsbedingter **Temperatureinflüsse** verursachen Trendbewegungen, so daß sich ein scheinbar beherrschter Fertigungsprozeß /10/ allmählich auf seine Toleranzgrenzen zubewegt. Nach dem Beginn der Produktion kann es bis zum Erreichen eines thermischen Gleichgewichts mehrere Stunden bis zu einem Tag dauern. Danach können durch Störungen im Fertigungsablauf (Pausen, Schichtwechsel, Werkstückwechsel, Umgebungstemperatur, etc.) erneute thermische Veränderungen auftreten. Oft erfolgen diese Einflüsse kurz hintereinander, so daß thermische Stabilität nie erreicht wird. Die Temperatur spielt somit eine entscheidende Rolle hinsichtlich der erzielbaren Fertigungsqualität. Zur Klassifizierung thermisch bedingter Einflüsse bietet sich eine Darstellung nach Bild 2.2 an.

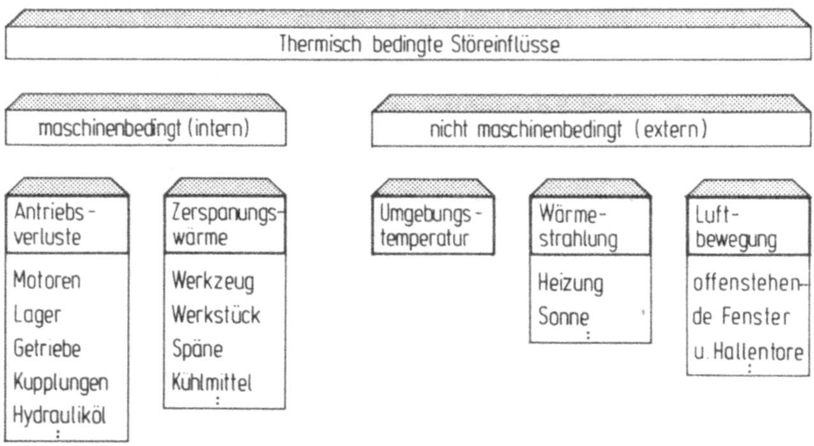

Bild 2.2: Thermische Störeinflüsse auf die Fertigung nach /11/

Der thermische Bearbeitungsfehler resultiert aus der ungleichen Ausdehnung der Bearbeitungsmaschine und des Werkstücks. Nach Bild 2.2 verursachen einerseits **maschinenbedingte** (interne) Störeinflüsse infolge Antriebsverlusten und Zerspanungswärme Verformungen, die sich direkt auf die Fertigungsqualität auswirkt /12/. Andererseits entsteht ein weiterer Fehleranteil durch **nicht maschinenbedingte** (externe) Störeinflüsse. Wärmestrahlung aus dem Maschinenumfeld sowie Sonneneinstrahlung in die Maschinenhalle führen sowohl bei den Maschinen als auch bei den Werkstücken vielfach zu erheblichen thermoelastischen Verformungen.

Im Gegensatz zu Bearbeitungsmaschinen kleinerer Baugröße, bei denen hauptsächlich maschineninterne Wärmequellen Ursache für die Verformungen sind, rücken bei der Fertigung **großer und insbesondere langer Werkstücke auf Großbearbeitungsmaschinen die Umgebungstemperatur-Einflüsse** in den Vordergrund. Tages- und jahreszeitliche Temperaturschwankungen beeinträchtigen neben Wärmesenken durch offenstehende Hallentore in großem Umfang das Fertigungsergebnis /13, 14/. Die Güte der Fertigung ist aber nicht nur eine Funktion der Arbeitsgenauigkeit der Maschine, sondern hängt in diesem Zusammenhang auch ganz entscheidend vom aktuellen Temperaturunterschied zwischen Maschine und Werkstück ab.

In der Praxis hat dies zur Folge, daß das auf 20°C bezogene Werkstückmaß, sowohl tages- als auch jahreszeitlich gesehen, mit jedem Werkstück schwankt. Auswirkungen ergeben sich vor allem dann, wenn Werkstücke, die über einen längeren Zeitraum verteilt gefertigt wurden, später zu einem Endprodukt montiert werden sollen. Zu fordern ist deshalb die Funktionserfüllung im montierten Gesamtsystem, die aber bereits in der Fertigungsphase sichergestellt werden muß, um die kostspielige Nacharbeit und die Gefährdung der Montageendtermine zu vermeiden. Dies läßt sich auch mit der Forderung nach einer montagegerechten Fertigung /15/ umschreiben.

Vor diesem Hintergrund ergibt sich die Notwendigkeit, verstärkt Regelkreise für die fertigungsbegleitende Qualitätssicherung zu entwickeln und in die industrielle Praxis einzuführen. Nachfolgend soll deshalb der Stand der Technik aufgezeigt werden, um daraus die Aufgabenstellung und die Zielsetzung der Arbeit detailliert ableiten zu können.

2.3 Stand der Technik

2.3.1 Ausgleich thermischer Störeinflüsse

Grundsätzlich unterscheidet man Verfahren, die einerseits nur das thermische Verhalten der Maschine berücksichtigen, andererseits auch das Werkstück in die Betrachtungen mit einbeziehen. Die bisher durchgeführten **maschinenspezifischen Untersuchungen** können gemäß den Gesichtspunkten nach Bild 2.3 in primäre und sekundäre Verfahren zur Minimierung der Maschinenverformung unterteilt werden.

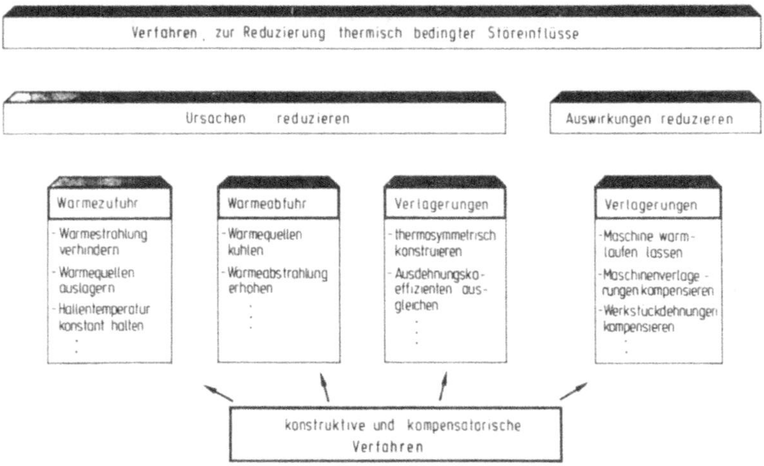

Bild 2.3: Verfahren zur Verringerung thermischer Störeinflüsse auf die Arbeitsgenauigkeit von Bearbeitungsmaschinen nach /16/

Primäre Verfahren zielen darauf ab, die Ursachen der thermischen Störeinflüsse bereits in der Konstruktionsphase mit geeigneten Maßnahmen zu reduzieren. Hierzu zählen beispielsweise die Wärmedämmung, thermische Entkopplung von Antrieben, Wärmeabfuhr sowie der thermosymmetrische Aufbau. Für die Beurteilung der Konstruktion stehen rechentechnische Hilfsmittel (Finite-Elemente-Methode) bereits zur Verfügung.

Sekundäre Verfahren zielen auf die Reduzierung der Auswirkungen der Störeinflüsse in der Fertigungsphase. Einerseits ist es möglich, die Auswirkungen abzuschätzen und pauschal zu kompensieren. Hier fehlt jedoch durch die nicht vorhandene Sensorik der Bezug zu den aktuell herrschenden Temperaturbedingungen, wodurch das Werkstückmaß nicht hinreichend zuverlässig innerhalb der Fertigungstoleranzen zu fertigen ist. Ausgehend von einem Verformungsmodell, dessen Parameter in einem Lernvorgang durch die Erfassung der Dehnungen und der zugehörigen Temperaturen an repräsentativen Maschinenstrukturpunkten einmalig bestimmt wurden, können andererseits bei der Fertigung ausschließlich aufgrund von Temperaturmeßwerten die entsprechenden Verlagerungen berechnet werden. Voraussetzung ist allerdings die genaue Kenntnis des thermischen Verhaltens der Maschine, das infolge der Komplexität des Zusammenspiels prozeß- und umgebungsbedingter Störeinflüsse für jeden Anwendungsfall experimentell neu ermittelt werden muß.

Im Bereich **kleiner Maschinen** konnte nachgewiesen werden, daß zwischen der Temperaturverteilung über dem Maschinenkörper und dessen thermoelastischer Verformung ein eindeutiger Zusammenhang besteht. Mit Hilfe der nach dem zuletzt genannten Verfahren berechneten Verlagerung ist in vielen Fällen eine Reduzierung der Geometriefehler kleinerer Maschinen auf über die Hälfte möglich /17, 18, 19/. Für **große Maschinen** ist die Wechselwirkung zwischen Temperatur und Verlagerung ungleich komplexer, weil die Umgebungstemperatur über die wesentlich größere Oberfläche entscheidend mehr Einfluß gewinnt.

Bei den bisher beschriebenen Verfahren werden nur die maschinenspezifischen Auswirkungen der Temperatur berücksichtigt. Die bei neueren Bearbeitungsmaschinen erreichbaren

Zerspanleistungen sowie die Umgebungstemperatur-Einflüsse führen jedoch auch zu einer Erwärmung der Werkstücke, so daß Maschinen- und Werkstücktemperatur oft stark auseinanderlaufen können. Um trotzdem Toleranzüberschreitungen vermeiden zu können, werden teilweise die **werkstückspezifischen Temperaturen** direkt erfaßt und kompensiert. Angewendet wird dies bei **kleinen Werkstücken**, weil hier erwartungsgemäß die größten Temperaturunterschiede auftreten und weil infolge einer gleichmäßigen Werkstückerwärmung die Temperatur punktuell schnell und ausreichend genau ermittelt werden kann. Nach Bild 2.4 führen diese Umstände dazu, daß bewußt ein Aufmaß produziert wird, um dann bezogen auf 20°C toleranzhaltig zu sein oder ggf. höhere Qualitätsansprüche als vorgegeben befriedigen zu können /20/.

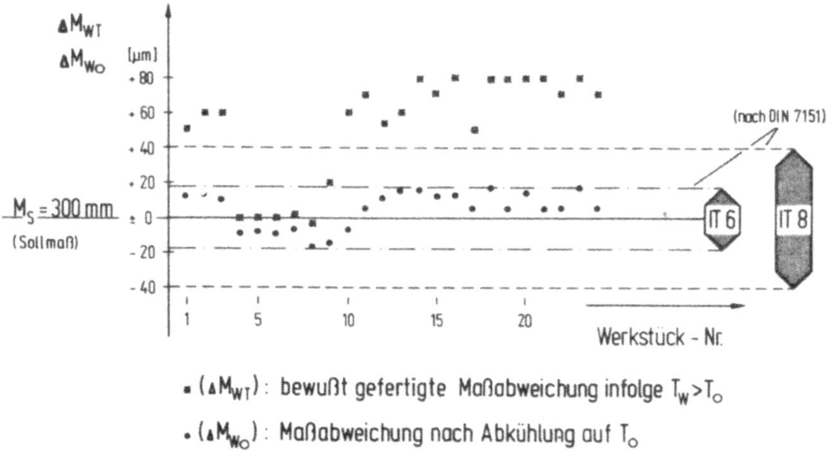

Bild 2.4: Fertigungsergebnisse bei Berücksichtigung der Maschinen- und Werkstücktemperatur nach /20/

Im folgenden sollen nun Regelkreise zur automatischen Erfassung und Kompensation der thermisch bedingten Fehler aufgezeigt werden.

2.3.2 Qualitätsregelkreise

Der Wunsch zur Erzielung einer hohen und gleichbleibenden Qualität führte in der Vergangenheit zu einer selbstverständlichen Vorgehensweise /21/:

- Vorgabe von erfahrungsgemäß optimalen Steuerdaten bezüglich Produktivität und Qualität;
- Durchführung von Zwischenprüfungen am bearbeiteten Werkstück;
- Korrektur der vorgegebenen Steuerdaten;
- Fertigbearbeitung.

Kennzeichen dieser altbekannten Fertigungsmeßtechnik und Korrektur ist ein über dem Menschen geschlossener Qualitätsregelkreis. Um die Meßtechnik zu objektivieren und den Prüfvorgang zu automatisieren, finden zunehmend übergeordnete und prozeßnahe Qualitätsregelkreise Einsatz. Beide können sowohl gemeinsam nach Bild 2.5 als auch einzeln in

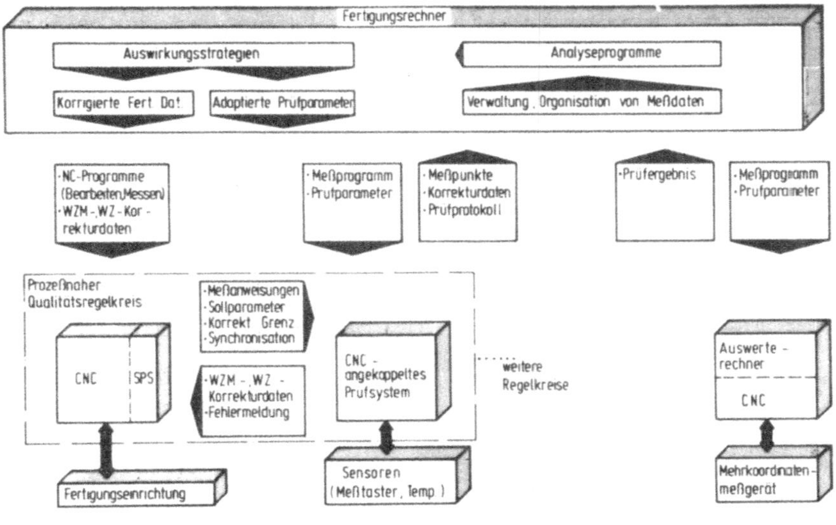

Bild 2.5: Verknüpfung von übergeordnetem und prozeßnahem Qualitätsregelkreis

die Fertigung integriert werden, da beide auch unabhängig voneinander funktionieren. Die Qualitätssicherung wird durch ihren Einsatz zu einem produktiven Teil des Fertigungsprozesses.

Es werden hierbei folgende globale Ziele verfolgt /22/:

- Objektivieren des Prüfvorgangs;
- Sichern und Einhalten der geforderten Werkstückqualität;
- Reduzieren des Ausschußanteils durch Analyse des Bearbeitungsprozesses und Einleiten von Korrekturmaßnahmen an den Bearbeitungsmaschinen bzw. an den NC-Steuerdaten;
- Beeinflussen der Werkstückqualität durch einen geschlossenen, automatisierten Regelkreis.

Für die automatische Erfassung von Maßfehlern an Werkstücken (werkstückorientierte Qualitätssicherung) finden in der Fertigung unterschiedliche Prüfverfahren Einsatz, die sich hinsichtlich der verwendeten Prüfgeräte abgrenzen lassen (Bild 2.6). Die maschinennahen und -fernen Prüfverfahren, mit denen die Prüfung großer Werkstücke möglich, aber aufgrund

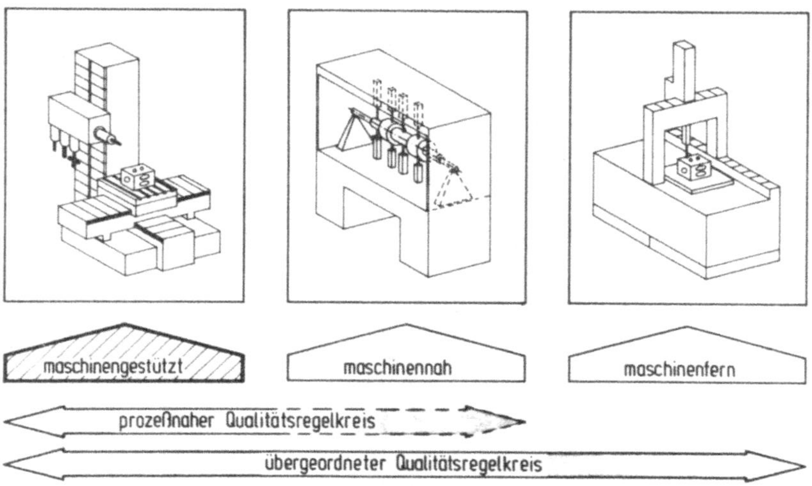

Bild 2.6: Grundsätzliche Prüfverfahren mit zugehörigem Prüfgerät

- in vielen Fällen nicht vorhandener, entsprechend großer Prüfgeräte;
- hoher Transportkosten zwischen Maschine und Prüfgerät;
- langer Maschinenstillstandszeiten zwischen Fertigung und Qualitätskontrolle, wenn die Maschine für den Auftrag reserviert bleibt;
- hohen Umrüstaufwands bei Auftragswechsel zur Nutzung der Stillstandszeiten

nicht wirtschaftlich ist, sollen daher an dieser Stelle nicht weiter vertieft werden /22, 23, 24/.

Aus den aufgezeigten Gründen kommen bei Großbearbeitungsmaschinen damit fast ausschließlich prozeßnahe Qualitätsregelkreise zum Einsatz. Gegenstand der folgenden Betrachtungen sind daher Prüfverfahren, die in der Bearbeitungsmaschine (maschinengestützt) ablaufen und künftig als **Messen in der Maschine** (MIM) bezeichnet werden. Die erforderlichen Komponenten sind:
- die Maschine als Prüfgerät;
- die CNC als Steuerungssystem;
- das Prüfsystem (u. U. identisch mit der CNC);
- die Sensorik zur Merkmalserfassung.

MIM basiert auf den Funktionsprinzipien der Mehrkoordinatenmeßtechnik /25, 26/. Für die Ermittlung des Werkstückmaßes werden das Maschinenkoordinatensystem und als Maßverkörperung die Maschinenmeßsysteme herangezogen. Der Sensor ist fast ausschließlich ein schaltender 3D-Meßtaster, der wie ein Werkzeug gehandhabt und in die Maschinenspindel eingewechselt wird. Kennzeichnend ist, daß alle Einflußgrößen auf die Werkstückqualität in ihrer Gesamtheit als Maßfehler ermittelt werden und somit der jeweilige Anteil nicht explizit vorliegt. Diese Fehleranteile sind:
- Maschinenfehler;
- Werkzeugfehler;
- relative Temperaturfehler zwischen Maschine und Werkstück.

Neben den genauigkeitsbedingten Einsatzgrenzen ergeben sich jedoch für MIM hinsichtlich der maschinennahen und -fernen Prüfverfahren entscheidende Vorteile:

- Verkürzung der Zeitspanne zwischen Auftreten und Feststellen der Maßabweichung;
- Verbesserung der Fertigungsqualität durch On-line-Trendausregelung;
- Reduzierung der Prüfmittelkosten;
- Reduzierung des organisatorischen und materialflußtechnischen Aufwands.

Für den Einsatz von MIM in der Fertigung stellt sich somit folgendes Bild dar:

- bei kleineren und mittleren Maschinenbaureihen finden selbsttätig ablaufende, maschinengestützte Prüfverfahren in der in Bild 2.7 dargestellten Form Anwendung. Je nach Automatisierungsgrad sind unterschiedliche Ausbaustufen bekannt;
- bei Großbearbeitungsmaschinen ist MIM nicht Stand der Technik aufgrund

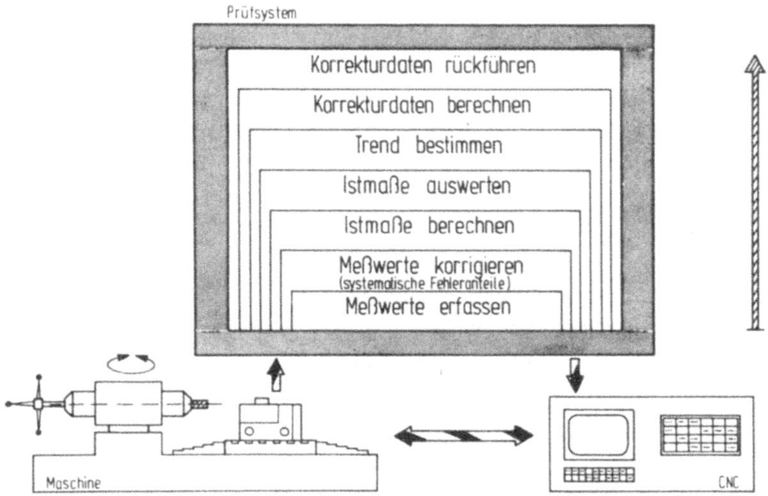

Bild 2.7: Messen in der Maschine

-- oft fehlender automatischer Werkzeugwechseleinrichtungen;
-- gegenüber kleineren Bearbeitungsmaschinen höherer Meßungenauigkeit;
-- Fehlen geeigneter Methoden zur Verbesserung der Meßungenauigkeit.

Hier herrscht weitgehend die in Bild 2.8 skizzierte manuelle Prüftechnik vor, bei der über konventionelle Meßmittel (z. B. Meßuhr), CNC und Prüfer Werkstückmaße ermittelt und korrigiert werden.

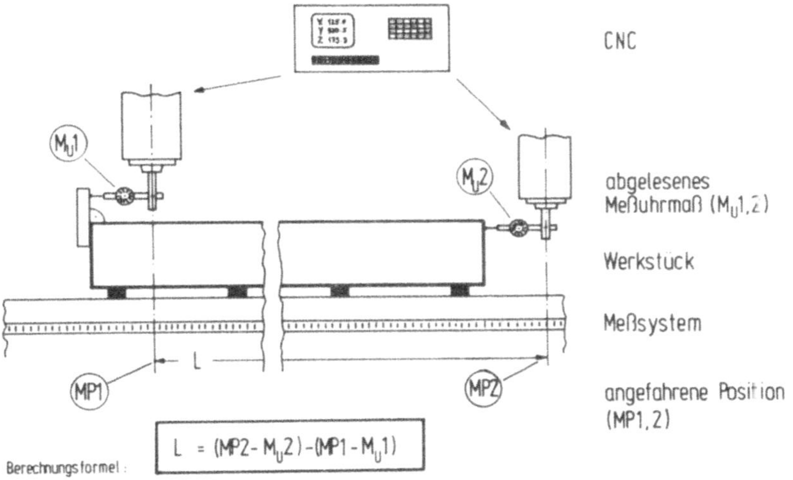

Bild 2.8: Manuelles Verfahren zur Prüfung großer Längen

Automatische Regelkreise auf Basis der in Abschnitt 2.3.1 beschriebenen sekundären Verfahren sind nur bei **kleineren Maschinen** bekannt, weil die Temperatur-Verlagerungs-Beziehung bisher nur bei dieser Baugröße mit ausreichender Genauigkeit nachgewiesen werden konnte. Da in der **Großteilefertigung** die Ursachen für die Maßabweichung nicht in dem Maße algorithmierbar sind, wie dies ein automatisches Kompensationsverfahren voraussetzt, läuft die Meßdatenerfassung und die Korrekturdatenermittlung noch vorwiegend manuell ab (Bild 2.9). Hierzu werden die mittleren Temperaturen von Werkstück und Maschinentisch bzw. -bett manuell erfaßt und unter Zuhilfenahme von Korrekturdiagrammen (vgl. Bild 3.5) die Steuerdaten verändert. Aufgrund der Meßstellenabhängigkeit der Korrekturdaten ist dieses Prüfverfahren sehr von der Erfahrung des Prüfers abhängig.

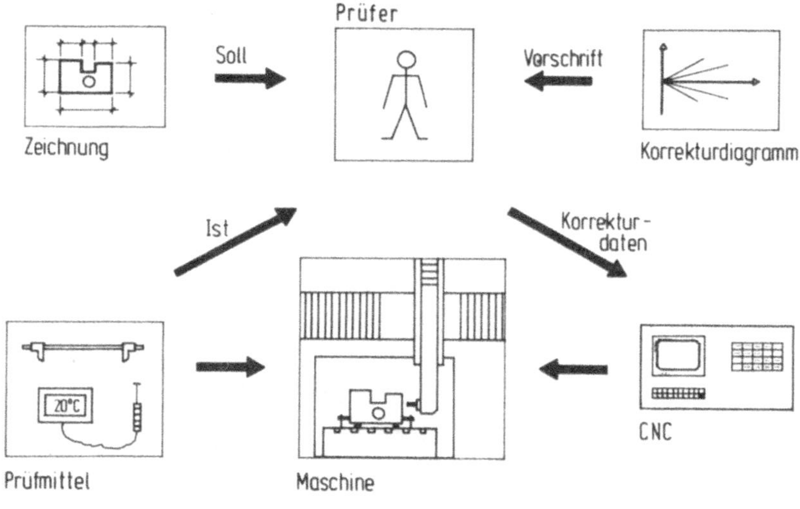

Bild 2.9: Manuelle Temperaturkompensation

Für die automatische, maschinengestützte - im folgenden prozeßnahe - Qualitätssicherung kommt mithin dem Prüfsystem eine entscheidende Rolle zu, weil es die Funktion des Prüfers zu übernehmen hat. Es soll daher aufgezeigt werden, welche Systeme Stand der Technik sind.

2.3.3 Prüfsysteme für prozeßnahe Qualitätsregelkreise

CNC mit integrierter Prüffunktion

Mit neueren CNC-Generationen können über Meßzyklen /27/ und einen eingewechselten Meßtaster Meßpunkte auf Werkstückoberflächen angefahren werden. Die Meßpunkterfassung durch die CNC läuft vorwiegend dynamisch ab, d. h. während der Verfahrbewegung des Meßtasters. Der Aufruf der Meßzyklen erfolgt aus dem NC-Programm, das darüber hinaus auch die Informationen für die Prüffunktionen in der CNC enthält. Aufgrund des geringen Funktionsumfangs und der eingeschränkten Möglichkeiten zur Korrekturdatenberechnung sind der Einsatzflexibilität bisheriger Lösungen enge Grenzen auferlegt /28/. Temperaturdaten werden bisher von der CNC weder erfaßt noch verarbeitet.

Meßwerterfassungs- und -auswertesystem (MEA)

Reichen die von der CNC bereitgestellten Prüffunktionen nicht aus, können diese über die Ankopplung eines zusätzlichen Prüfrechners nachgeliefert werden. Je nach Integrationsstufe spricht man dann von einem

- CNC-integrierten Prüfsystem, wenn der Rechner vollkommen informations- und gerätetechnisch in die CNC einbezogen ist /30/; und von einem
- CNC-angekoppelten Prüfsystem, wenn der Rechner als Standalone-System mit der CNC gekoppelt wird.

Als Hardwarebasis stehen marktübliche Personal Computer (PC) für die unterschiedlichen Meß-und Auswertevorgänge zur Verfügung. Aufgrund der gegebenen Rechnerleistung in Verbindung mit der Programmierbarkeit in höheren Sprachen sind sie für den Einsatz in prozeßnahen Qualitätsregelkreisen prinzipiell geeignet, zumal sie auch standardisierte Schnittstellen (z. B. EIA-RS 232C, IEC-Bus) anbieten.

Nachteilig wirkt sich unter der Prämisse der gerätetechnischen Integration des PC in die CNC seine Baugröße aus. Es werden keine CNC-kompatiblen Rechnerplatinengrößen (z.B. Doppeleuropaformat) angeboten, so daß immer zusätzlicher Installationsaufwand im oder außerhalb des Steuerungsschranks anfällt. Infolge der mangelnden Integrationsfähigkeit soll der Einsatz von PC nicht weiter verfolgt werden.

Die Alternative sind Einplatinen-Systeme auf Basis von CNC-Hardware oder CNC-kompatibler Fremdhardware, die als zusätzliche Karte(n) zur CNC hinzugesteckt werden können. Diese Lösung ist dann vorteilhaft, wenn keine Datenarchivierung erforderlich ist, und wenn das Bedienfeld der CNC mitgenutzt werden kann.

Für den Datentransfer mit dem Prüfrechner sind in jeder CNC Schnittstellen (z. B. DNC-Schnittstellen) vorhanden, über die NC-Steuerdaten sowie Werkzeugkorrekturen und Nullpunktverschiebungen transferiert werden können. Diese Schnittstellen stehen jedoch für die anwendungsbezogene Rückübertragung von Korrekturdaten nicht zur Verfügung. Außerdem besitzt diese Schnittstelle nicht die notwendige Transparenz, um für den Anwender durch einfache Mittel erweiterbar zu sein. Die Kommunikation ist daher z. Z. nur über die Anpaßsteuerung (SPS) möglich, die in ihrer Leistungsfähigkeit jedoch begrenzt ist durch das "schmale Fenster" nach DIN 3422 zwischen CNC und SPS /17/.

Die Aufgabenverteilung zwischen CNC und Prüfsystem ergibt sich dann wie folgt:

- Die CNC steuert die Sensorantastung auf der Werkstückoberfläche, führt die Meßdatenerfassung durch und berücksichtigt die rückübertragenen Korrekturdaten in den folgenden Bearbeitungschritten.
- Das Prüfsystem übernimmt die Meßdatenauswertung sowie die Korrekturdatenberechnung und Rückübertragung in die CNC.

2.4 Bewertung und Zielsetzung der Arbeit

In der Großteilefertigung werden bisher die thermischen Belastungen durch externe Wärmequellen in aller Regel nicht oder nur unzureichend zur Analyse der Bearbeitungsfehler erfaßt, weil ihnen immer noch zu wenig Bedeutung beigemessen wird. Die Nichtvorausbestimmbarkeit der Umgebungseinflüsse erfordert daher Verfahren, die geeignet sind, Störgrößen fertigungsbegleitend zu erfassen und zu kompensieren.

Die in Abschnitt 2.3.1 dargestellten Verfahren zur Modellrechnung auf Basis ausgesuchter Temperaturmeßstellen am Maschinengestell ermöglichen zwar die näherungsweise Berechnung der relativen Verlagerungen zwischen Werkzeug und Werkstück, doch werden damit die Umgebungstemperatureinflüsse auf das Werkstück nicht berücksichtigt. Speziell bei großen und langen Werkstücken wird dadurch ein entscheidender Anteil am Gesamtbearbeitungsfehler vernachlässigt.

Um die vielseitigen Einflüsse auf das Fertigungsergebnis in ihrer Gesamtheit zu ermitteln, sind die in Abschnitt 2.3.2 aufgezeigten maschinengestützten Prüfverfahren (MIM) prinzipiell geeignet. Hiermit sind zwar alle fertigungsbegleitenden Störeinflüsse über das produzierte Werkstückmaß erfaßbar, jedoch ist das Prüfergebnis mit den maschinenbedingten Dehnungsfehlern behaftet. Es ist ersichtlich, daß ohne Berücksichtigung der Temperatur keine ausreichend genauen Meßergebnisse auf Großwerkzeugmaschinen erzielt werden können.

Die Eignung derzeit verfügbarer CNC als Prüfsystem ist nur bedingt gegeben. Dies ist darauf zurückzuführen, daß über die Erfassung von Meßpunkten auf der Werkstückoberfäche hinaus keine weiteren, für die selbsttätige Kompensation thermisch bedingter Maßfehler notwendigen Funktionen ver-

fügbar sind. Hierzu zählen:
- Temperaturerfassung und -verarbeitung;
- frei programmierbare Auswertealgorithmen.

Es besteht daher die Notwendigkeit, Grundlagen zur prozeßnahen Qualitätsregelung zu erarbeiten, mit denen fertigungsbegleitend der thermisch bedingte Fehleranteil in der Großteilefertigung reduziert werden kann. Insbesondere sind weiterführende Untersuchungen anzustellen, die dazu beitragen sollen, die Ursachen von Maßabweichungen bei wechselnden thermischen Umgebungsbedingungen zu erfassen und nach einer verallgemeinerten Theorie zu kompensieren. Bild 2.10 zeigt die angestrebte Regelkreisstruktur.

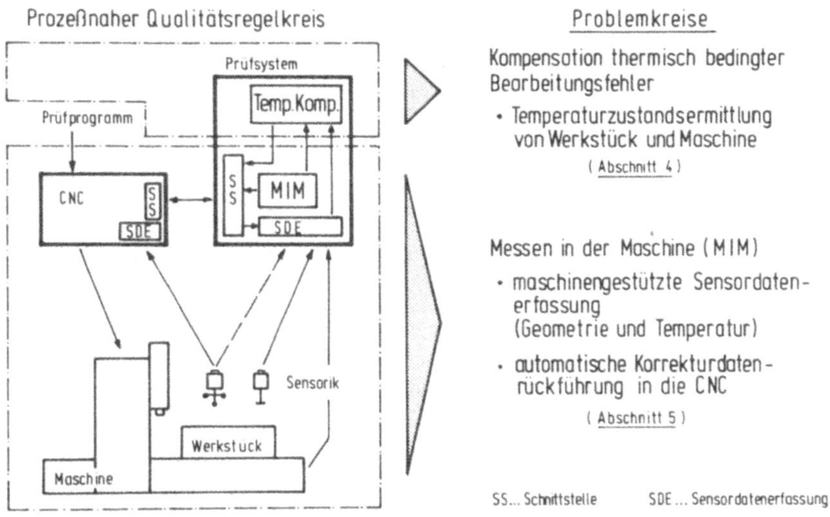

Bild 2.10: Prozeßnaher Qualitätsregelkreis zur Kompensation thermisch bedingter Bearbeitungsfehler

Ein weiterer Schwerpunkt dieser Arbeit besteht darin, Anforderungen an ein Prüfsystem aufzuzeigen und Strukturen zu dessen Konzeption zu entwickeln, wobei dies vor dem Hintergrund der Aufgabenteilung in Abschnitt 2.3.3 für CNC und zusätzliches Prüfsystem zu sehen ist. Insbesondere sind Schnittstellen-Spezifikationen und Lösungen zur Synchronisation von Bearbeitungs- und Prüfablauf zu erarbeiten. Das Ziel schließlich ist, einen Beitrag zum Aufbau prozeßnaher Qualitätsregelkreise für die montagegerechte Fertigung großer Werkstücke zu leisten. Demzufolge kann folgende Zielsetzung formuliert werden:

- Darstellung der Anforderungen zur Erfassung umgebungsbedingter Temperaturen und der durch sie bewirkten Einflüsse;
- Darstellung der Anforderungen an die Komponenten des prozeßnahen Qualitätsregelkreises;
- Entwurf der theoretischen Grundlagen zur fertigungsbegleitenden Temperaturkompensation;
- Konzeption eines CNC-angekoppelten Prüfsystems;
- Realisierung und Darstellung eines prozeßnahen Qualitätsregelkreis unter Berücksichtigung der Anforderungen.

3 Analyse der Aufgaben und Anforderungen an die Komponenten prozeßnaher Qualitätsregelkreise zur Kompensation thermisch bedingter Bearbeitungsfehler

3.1 Abgrenzung der betrachteten Bearbeitungsfehler

In der vorliegenden Arbeit soll die Kompensation thermisch bedingter Bearbeitungsfehler an **Großwerkzeugmaschinen** betrachtet werden, die in der Fräs-, Bohr- und Drehbearbeitung Einsatz finden. Beispiele für derartige Maschinen sind Portalfräsmaschinen, die Tischlängen zwischen 10 und 20 m aufweisen, sowie Doppelständer-Karusselldrehmaschinen mit Planscheibendurchmessern zwischen 6 und 18 m.

Das typische **Werkstückspektrum** dieser Maschinentypen stellen vorwiegend große bzw. lange prismatische und rotationssymmetrische Teile dar, die sich hinsichtlich ihres Dehnungsverhaltens und Werkstoffaufbaus folgendermaßen unterscheiden:

- Werkstücke eines einheitlichen Werkstoffs mit einem ähnlichen Ausdehnungskoeffizienten wie die Maschine (z. B. Stahlguß);
- Werkstücke eines einheitlichen Werkstoffs mit einem zu dem der Maschine stark abweichenden Ausdehnungskoeffizienten (z. B. Aluminium);
- Verbundwerkstücke aus unterschiedlichen Werkstoffen (z. B. Stahl und nichtrostender Stahl).

Die sich aus diesem Werkstückspektrum in Verbindung mit den hier betrachteten Abmessungen der Werkstücke ergebenden kritischen Maße sind Längenmaße (Länge, Breite, Durchmesser etc.). Denn die Größenordnung dieser Maßfehler übersteigt i. a. die der Formfehler ganz erheblich, die durch thermische Verlagerungen im Maschinengestell als Auswirkungen auf Umgebungstemperatur-Einflüsse entstehen. In Bild 3.1 ist dieser Zusammenhang beispielhaft dargestellt.

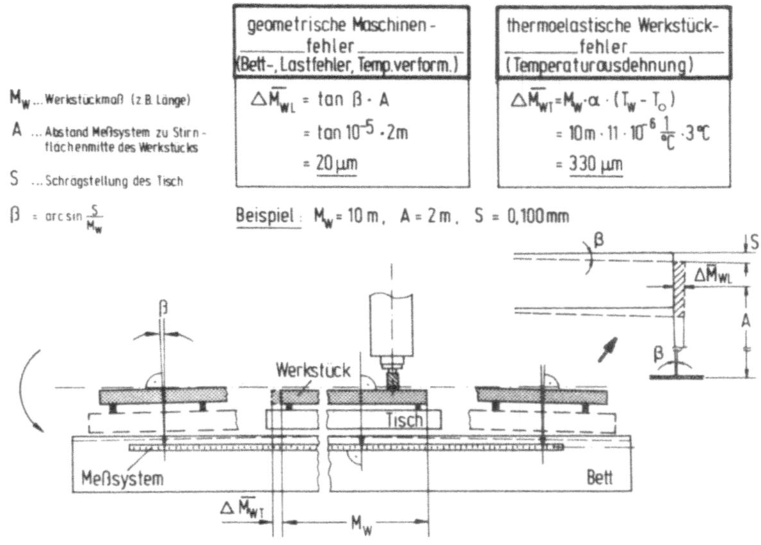

Bild 3.1: Verhältnis Formfehler zu Temperaturfehler am Beispiel der Maschinenbettverlagerung

Für eine montagegerechte Fertigung sind folglich Maßfehler bei diesem Werkstückspektrum deutlich höher zu bewerten. Die sich hieraus ergebenden Anforderungen sind:

- Maßfehler (ΔM_{WT}) müssen hinreichend genau erfaßt werden;
- die relativen Dehnungsfehler zwischen Maschine und Werkstück sind zu ermitteln;
- das interne Dehnungsverhalten bei Verbundwerkstücken soll so weit wie möglich berücksichtigt werden.

3.2 Anforderungen an Systeme zur montagegerechten Fertigung großer Werkstücke

Die Aufgabenstellung ist die montagegerechte Fertigung des obengenannten Werkstückspektrums. Bild 3.2 skizziert die im weiteren betrachtete Vorgehensweise, der nachstehender Prüfablauf zugrundegelegt ist:

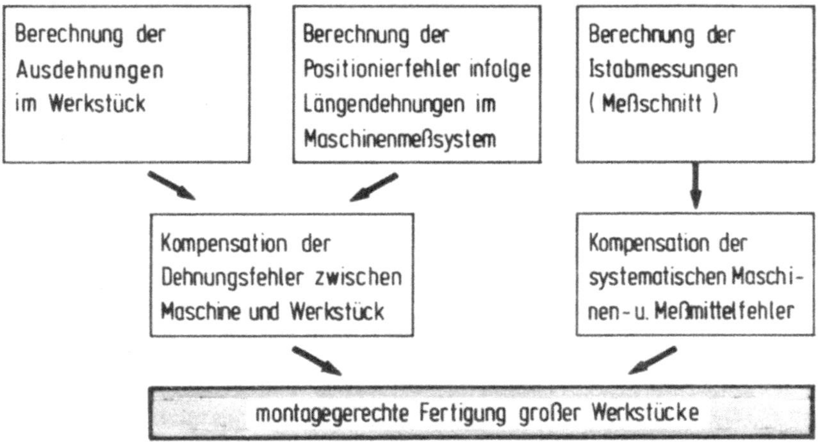

Bild 3.2: Prinzipielle Vorgehensweise für die montagegerechte Fertigung großer Werkstücke

- Fertigung eines Meßschnitts am Werkstück;
- Bestimmung des Istmaßes über MIM;
- Erfassung der Temperatur von Werkstück und Maschinenmeßsystem;
- Ermittlung der Werkstückdehnung und Maschinenverlagerung;
- Berechnung der Korrekturdaten für die Fertigbearbeitung.

Zunächst soll das Anforderungsprofil der Regelkreiskomponenten definiert und eine Analyse geeigneter Realisierungsmöglichkeiten durchgeführt werden.

3.2.1 Anforderungen an die Sensorik

Prinzipiell sind Sensoren erforderlich, die unter Betriebsbedingungen störungsfrei mit hoher Meßgenauigkeit arbeiten und die den Fertigungsablauf nicht ungünstig beeinflussen. Laut Bild 3.2 sind zwei Sensortypen zu betrachten:

- **Temperatursensoren** für die Erfassung der werkstück- und maschinenspezifischen Temperaturdaten;
- **3D-Meßtaster** für die Erfassung der gefertigten Werkstückmaße (Geometriedaten).

Für die Erfassung der Temperaturzustände kommen entweder berührungslose (optische) oder tastende **Temperatursensoren** zum Einsatz. Von beiden müssen unabhängig folgende Forderungen erfüllt werden /29/:

- hohe Meßgenauigkeit ($\pm$ 0,1 °C);
- hohe Zuverlässigkeit und Wartungsfreiheit;
- hohe Lebensdauer;
- unempfindlich gegenüber Öl und Kühlmittel;
- einfache Überprüfung der Funktionstüchtigkeit;
- einfache Kalibrierverfahren.

Übliche Sensoren zur Erfassung der Werkstück-Istgeometrie auf Bearbeitungsmaschinen sind **3D-Meßtaster**, die nach mechanischen oder optischen Prinzipien arbeiten. Unabhängig davon gelten folgende Anforderungen /30/:

- hohe Genauigkeit durch stabile Nullage (Meßunsicherheit $\pm$ 1 µm);
- unempfindlich gegen Umgebungsstöreinflüsse;
- hohe Antastgeschwindigkeit;
- vertikale und horizontale Einbaulage;
- einsetzbar für großes Meßaufgabenspektrum;
- sichere Signalübertragung;
- Kollisionsschutz durch große Auslenkreserven.

Im Hinblick auf den zu realisierenden Qualitätsregelkreis lassen sich zusätzliche Anforderungen an ihre **Schnittstellen** ableiten. Für die Temperatursensorik gilt, daß die Datenübertragung über einen Sensorbus erfolgen muß, da in der Regel mehr als nur ein Temperatursensor zur Beschreibung des thermischen Verhaltens von Maschine und Werkstück benötigt wird, und somit der Verkabelungsaufwand nicht zu vernachlässigen ist.

Für 3D-Meßtaster gilt es, die Forderung nach schneller Antastimpulsübertragung und definierten Schaltsignalpegeln (5 V/24 V) zu erfüllen.

3.2.2 Anforderung an die Bearbeitungsmaschine

Um eine hinreichend geringe Meßunsicherheit für die Geometriedatenerfassung zu erreichen, ist eine Maschine mit grundsätzlich **hoher Arbeitsgenauigkeit** gefordert. Dies bedeutet nach VDI/DGQ 3441 /31/ kleine Werte für die

- Positionsabweichung;
- Umkehrspanne;
- Positionsstreubreite.

Ferner ist zu fordern, daß nach den Gesichtspunkten des Abbéschen Prinzips angeordnete, direkte Meßsysteme vorhanden sind, und daß vor allem bei weit auskragenden Spindelkästen bzw. Stößeln die Schwingungen durch die Antriebe und über das Fundament weitgehend gedämpft sind.

3.2.3 Anforderungen an die CNC

Die Durchführung des Prüfablaufs bedarf der Bereitstellung von NC-Steuerdaten zur Bewegung der Sensorik und von Prüfanweisungen für das Prüfsystem zur Erfassung der Meßdaten, Auswertung der Geometrie- und Temperaturdaten und Korrekturdatenberechnung. Die integrierte Darstellung dieser Daten in einem gemeinsamen Datensatz sowie deren Decodierung in der CNC sind dabei als zentrale Aufgabe anzusehen, weil dadurch zur Verringerung des Prüfaufwands und des Fehlerrisikos beigetragen wird. Daraus ergibt sich die Vorgabe, den Prüfprogrammcode nach DIN 66025 zu gestalten.

Diese generelle Vorgabe setzt in der CNC folgende Zusatzsatzfunktionen voraus:

- Schnittstelle für die Kommunikation mit dem Prüfsystem;
- Trennung von CNC-Steuerdaten und Prüfanweisungen;
- Übertragung der Prüfanweisungen an das Prüfsystem;
- Rückübertragung und Verarbeitung der Korrekturdaten;
- Übertragung der Meßpunktkoordinaten an das Prüfsystem (falls die Geometriedatenerfassung über die CNC erfolgt).

3.2.4 Anforderungen an das Prüfsystem

Die On-line-Kompensation der thermischen Störeinflüsse erfordert folgende Teilfunktionen im Prüfsystem:
- Sensordatenerfassung und -verarbeitung (Temperatur-, Geometriedaten);
- Werkstückistmaßermittlung;
- Kompensation der thermisch bedingten Dehnungsfehler;
- Korrekturdatenberechnung.

3.2.4.1 Sensordatenerfassung und -verarbeitung

Da Prüfsystem und Sensorik direkt kommunizieren, gilt die in Abschnitt 3.2.1 dargestellte Schnittstellenspezifikation auch für das Prüfsystem. Alle Temperaturwerte sind nur über eine Schnittstelle einzulesen, die damit busfähig sein muß. Das Datenübertragungsprotokoll hat sich dabei an das ISO/OSI-Referenzmodell anzulehnen /32/. Das Tastersignal ist wegen der erforderlichen Reaktionsgeschwindigkeit des Prüfsystems direkt über eine Punkt-zu-Punkt-Verbindung weiterzuleiten /33/.

Anforderungen an die Sensordatenverarbeitung ergeben sich in diesem Zusammenhang nur bei der Temperatursensorik. Hierzu sind in erster Linie die Meßdaten von Meßfehlern (Bild 3.3) zu bereinigen und zu verdichten.

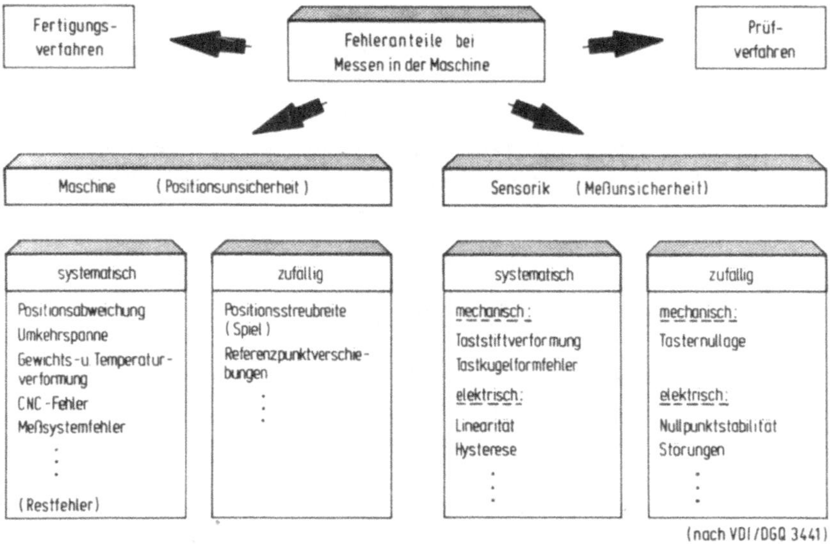

Bild 3.3: Einflußfaktoren bei Messen in der Maschine

3.2.4.2 Werkstückistmaßermittlung

Gemäß Aufgabenstellung bildet MIM die Grundlage für geometrische Meßdatenerfassung und somit auch für die Ermittlung des Werkstückistmaßes. Mittels eines Meßschnitts und durch die Aufnahme von merkmalsbezogenen Werkstückmeßpunkten mit dem 3D-Meßtaster werden die gefertigten Istabmessungen vom Prüfsystem berechnet. Da bei maschinengestützten Verfahren das Prüfergebnis immer mit den Eigenfehlern des Meßgeräts - hier der Maschine und Meßtaster - behaftet ist, müssen diese laut Vorgehensweise in Bild 3.2 so weit wie möglich bestimmt und kompensiert werden, denn die Meßunsicherheit des maschinengestützten Prüfverfahrens soll höchstens 20% der vorgegebenen Fertigungstoleranz sein /30, 31/. Es können allerdings nur solche Fehler ausgeglichen werden, die reproduzierbar sind. Nach VDI/DGQ-Richtlinie 3441 sind daher folgende Fehleranteile zu unterscheiden (Bild 3.3):

- **Zufällige Fehler** werden hervorgerufen von während der Fertigung und des Prüfvorgangs nicht erfaßbaren und nicht beeinflußbaren Änderungen der Maschine und Sensorik. Sie sind im einzelnen nicht quantifizierbar und deshalb nicht kompensierbar.

- **Systematische Fehler** folgen hingegen einer Gesetzmäßigkeit, bei deren Kenntnis genauere Vorhersagen über die Größe der von ihnen verursachten Abweichungen abgeleitet werden können /34, 35/.

Entscheidenden Einfluß übt die Positionsgenauigkeit der Maschine aus, d. h. mit welcher Genauigkeit eine Position im Arbeitsbereich angefahren werden kann. Als Maß dafür wird die **Positionsunsicherheit** definiert. Für den Meßtaster gilt hier entsprechend die **Meßunsicherheit**. Da diese Fehler nach Bild 3.3 unmittelbar in das Prüfergebnis eingehen, müssen nachstehende Fehlergrenzen eingehalten werden:
- Meßtaster: ± 3 µm;
- Maschine: ± 20 µm.

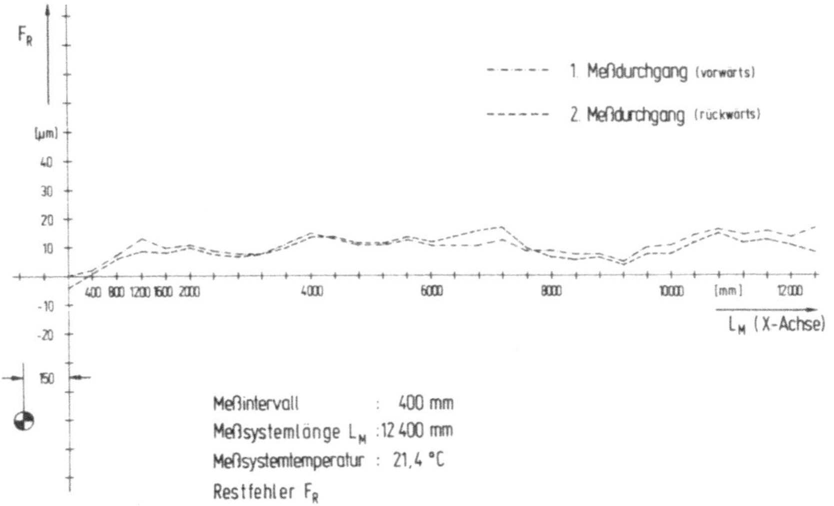

Bild 3.4: Kompensierbarer Restfehler einer Maschinenachse

Damit wird auch die Forderung nach einer hohen Arbeitsgenauigkeit in Abschnitt 3.2.2 ersichtlich, denn bei einem großen zufälligen Fehleranteil ist MIM nicht zu realisieren.

Aufgabe muß es daher sein, die systematischen Restfehler des Meßtasters und der Maschine zu messen, in einer Tabelle zu hinterlegen und während des Meßvorgangs zu berücksichtigen /36/. Für den Meßtaster ist diese Überprüfung in der Regel nur einmal, für die Maschine regelmäßig, zumindest jedoch bei der Maschineneinrichtung durchzuführen. Bild 3.4 zeigt die mittels Laser-Interferometer ermittelten Restfehler F_R (Positionsabweichung und Umkehrspanne) für die längenkritische X-Achse einer Fräsmaschine.

3.2.4.3 Kompensation der Temperatureinflüsse

Die toleranzhaltige Fertigung großer Werkstücke setzt laut Aufgabenstellung und Bild 3.2 die Kompensation der Dehnungsfehler zwischen Maschine und Werkstück voraus. Hieraus ergibt sich die Notwendigkeit, die werkstückspezifischen Temperaturzustände nicht nur im Augenblick der Korrekturdatenberechnung sondern über einen längeren Zeitraum aufzunehmen. Insbesondere bei Werkstücken ist die Temperaturgeschichte notwendig, um die Auswirkungen der Oberflächentemperatur auf das Gesamtdehnungsverhalten hinreichend genau beschreiben zu können. Dies und die hierzu erforderliche Meßstellenanzahl verlangen daher nach einer selbsttätigen Meßwerterfassung, - auswertung und -darstellung /37/. Da die umgebungsspezifischen Temperaturen sich üblicherweise zwischen 18 und 28°C bewegen, ist die Gültigkeit der ermittelten Korrekturdaten in diesem Bereich nachzuweisen.

Für den Ausgleich der beschriebenen Maßfehler ist es in erster Linie wichtig, die **Ausdehnung der Maschine** in den längenkritischen Achsen zu kennen. Da die Positionierung bei neueren CNC-Maschinen über die im Maschinengestell installierten direkten Meßsysteme erfolgt, besteht ein Zusammenhang zwischen der Positionsabweichung der Achse und der Temperatur ihres Meßsystems. Es ist daher zu fordern, daß eine hinreichend genaue Temperaturerfassung über der gesamten Länge der Maschinenmeßsysteme zu realisieren ist, um die thermisch bedingten Positionierfehler berechnen zu können.

Für die **Temperaturmessung an Werkstücken** sind Kriterien zu entwickeln, die eine geeignete Auswahl von Temperaturmeßstellen auf der Werkstückoberfläche gestatten, um eine zuverlässige Beschreibung ihres Temperaturverlaufs zu erhalten. Das aufgezeigte Werkstückspektrum macht es erforderlich, daß für den Meßstellenort auch der konstruktive Aufbau des Werkstücks zu berücksichtigen ist. Denn durch die Wärmestrahlung in der Maschinenumgebung entstehen unterschiedliche Temperaturverteilungen zwischen Werkstückober- und -unterseite, die Durchbiegungen zur Folge haben und bei der Korrekturdatenberechnung mit einbezogen werden müssen.

Auf Basis der Ermittlung des Dehnungsverhaltens, die generell nach dem in Bild 3.5 wiedergegebenen Zusammenhang bei gegebener, pauschaler Temperaturdifferenz ΔT zwischen Werkstück- T_W und Maschinentemperatur T_{Ma} sowie Werkstücklänge L_W möglich ist, sind damit folgende Forderungen an Verfahren zum Ausgleich thermisch bedingter Bearbeitungsfehler zu stellen:

- Ausgleich der maschinenspezifischen Positionierfehler in der Warmlaufphase;
- Kompensation von Temperaturunterschieden zwischen Maschine und Werkstück im Hinblick auf reduzierte Zeiten für die Zwischenlagerung von Werkstücken;
- Ausgleich der Temperaturunterschiede am Werkstück infolge Zerspanung für ein direktes Fertigbearbeiten nach Schruppvorgängen.

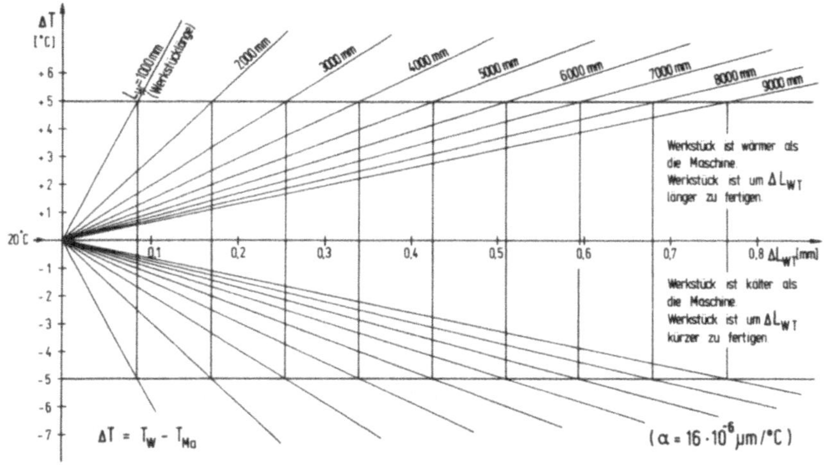

Bild 3.5: Pauschales Korrekturdiagramm

Mit der Darstellung der Anforderung an die Komponenten des prozeßnahen Qualitätsregelkreises wurde der Rahmen für die Aufgaben und Funktionen des Prüfsystems innerhalb des Gesamtsystems aufgezeigt. In einem ersten Schritt sollen nun Grundlagen für die Kompensation thermisch bedingter Bearbeitungsfehler hergeleitet werden, um die definierten Anforderungen weitestgehend zu erfüllen. Daran anschließend werden Strukturen zum Aufbau des Prüfsystems entwickelt, damit diese geräte- und informationstechnisch in den prozeßnahen Qualitätsregelkreis integriert werden können.

4 Kompensationsgrundlagen für thermisch bedingte Bearbeitungsfehler

Im folgenden Abschnitt werden entsprechende Vorgehensweisen zur Erfassung und Darstellung thermischer Einflußgrößen und daraus resultierender Verformungen entwickelt. Zu unterscheiden sind die Bereiche Temperatursensorik, Meßtechnik und Berechnungsgrundlagen.

4.1 Sensorik zur Temperaturerfassung an Maschine und Werkstück

Die Temperaturmessung, wie sie im Qualitätsregelkreis zur Anwendung kommen soll, basiert auf berührungslosen - optischen - und tastenden Meßprinzipien. An dieser Stelle sollen beide auf ihre industrielle Einsatzfähigkeit untersucht werden.

4.1.1 Berührungslos messende Sensorik

Meßgeräte zur berührungslosen Temperaturmessung werden als **Strahlungsthermometer** bezeichnet. Bei ihrer Anwendung muß beachtet werden, daß die gemessene Wärmestrahlung grundsätzlich von den physikalischen Eigenschaften der Meßobjektoberfläche abhängt.

Jeder Körper, dessen Temperatur oberhalb des absoluten Nullpunkts liegt, sendet eine der Temperatur des Körpers entsprechende Temperaturstrahlung aus /38/. Die vom Sensor erfaßte Strahlung unterteilt sich nach Bild 4.1 in diejenige, die vom Meßobjekt entsprechend seiner Temperatur abgegeben wird (Emission), und jene, die aus der Umgebung des Meßobjekts reflektiert bzw. durchgelassen wird (Transmission).

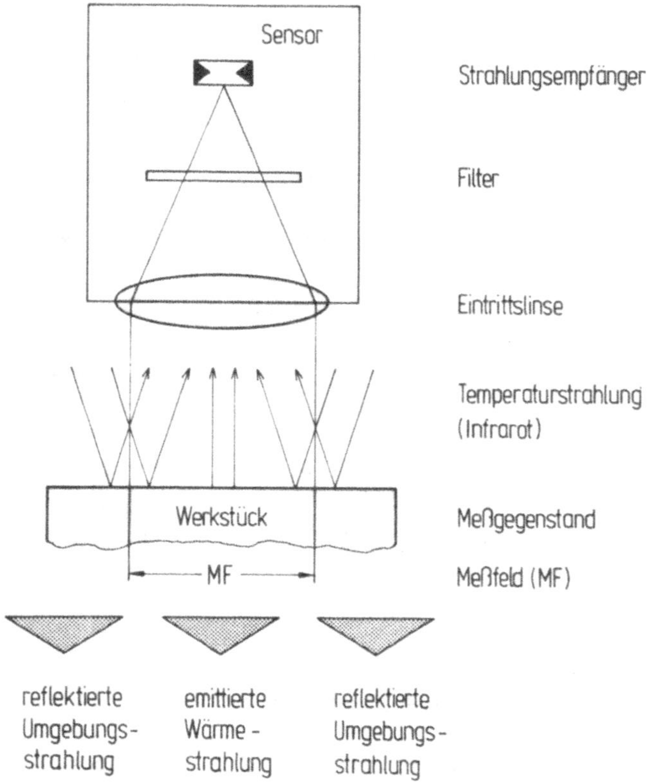

Bild 4.1: Meßfehler durch Umgebungsstrahlung

Dieser Zusammenhang /38/ läßt sich durch die Formel

$\varepsilon + \rho + \tau = 1$

ε ... Emissionsgrad

ρ ... Reflexionsgrad

τ ... Transmissionsgrad

veranschaulichen. Wenn man davon ausgeht, daß bei dem betrachteten Werkstoff der Werkstücke $\tau = 0$ gesetzt werden darf, gilt

$\varepsilon + \rho = 1$

Die erfaßte Temperaturstrahlung ist damit stark abhängig von der Größe der reflektierten Umgebungsstrahlung. Daher muß ε so groß wie möglich gewählt werden, was eine entsprechende Meßoberfläche verlangt. Bei Metallen liefern oxidierte Oberflächen höhere ε als blanke, bearbeitete Flächen, wie in Bild 4.2 deutlich sichtbar. Das Meßverfahren ist aber nur dann ausreichend genau, wenn der Emissionsgrad der Werkstückoberfläche hinreichend genau bekannt ist. Aufgrund unzulänglicher Berechnungsverfahren kommt der meßtechnischen Erfassung größere Bedeutung zu.

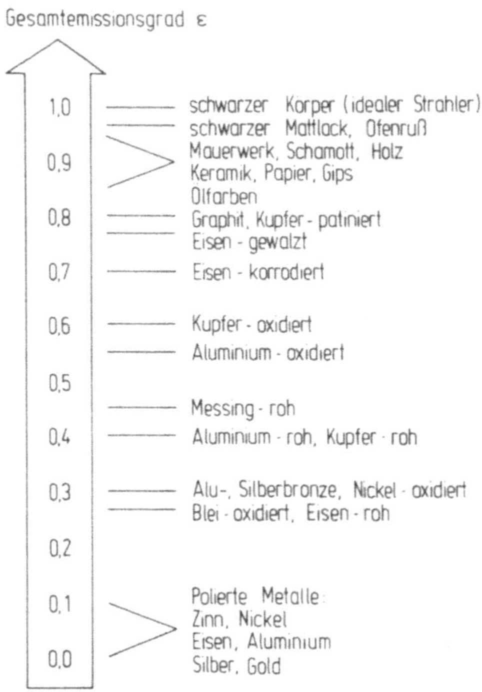

Bild 4.2: Gesamtemissionsgrade im Bereich der Temperaturstrahlung

Das Ausgangssignal des Sensors ist dem auftreffenden Strahlungsfluß proportional, wobei gleichzeitig keine Abhängigkeit von der Entfernung besteht. Durch den Einbau von Linsen und Blenden in den Strahlengang ist auch in größeren Abständen die Temperatur eines Meßflecks ausreichend genau zu messen.

Die häufigste Fehlerursache bei diesem Meßverfahren ist ein falsch eingestellter Emissionsgrad. Hinzu kommt bei der Messung in der Größenordnung der Umgebungstemperatur die starke Störstrahlung aus der Umgebung, die über diffuse Spiegelungen die Eigenstrahlung des Werkstücks überstrahlen können (Bild 4.1). Zur Erzielung einer größtmöglichen Genauigkeit ist folgendes zu berücksichtigen:

- Erhöhung von ε durch Besprühen der Meßstelle mit einer emissionsverbessernden Schicht, z. B. schwarzer Mattlack;
- Filterung der einfallenden Strahlung für den gewünschten Meßbereich; das durchzulassende Spektralband kann bestimmt werden mit:

$$\lambda_{max} = \frac{2900}{T_W + 273^\circ C} \ \mu m$$

- Abschirmung der Meßstelle bzw. Temperaturmessung in Bohrungen.

Entscheidende Meßprobleme treten bei einer nicht einheitlichen Oberflächenstruktur (bearbeitet/unbearbeitet) auf. D. h. der Emissionsgrad muß für jeden Meßpunkt neu optimiert werden. Untersuchungen haben gezeigt, daß die erreichbare Meßgenauigkeit von Strahlungsthermometern bei optimal eingestelltem Emissionsgrad und kleiner Streustrahlungseinwirkung aufgrund der gerätemäßig bedingten absoluten Fehler bei 0,5 % bis 1,5 % des Meßbereichs liegt. Quantitativ bedeutet dies eine Abweichung von mindestens $\pm$ 1°C.

4.1.2 Berührend messende Sensorik

Prinzipiell einsatzfähige Sensoren veranschaulicht Bild 4.3. Nachfolgend sollen die Meßverfahren und die für ihre Auswahl ausschlaggebenden Kriterien aufgezeigt werden.

	Thermoelement U_{Te}	Widerstandssensor R_W	Thermistor (NTC) R_{Tr}	IC-Sensor U_{IC}
Vorteile	· einfacher Aufbau · strapazierfähig · große Typenvielfalt · großer Temperaturbereich · preisgünstig · sehr schnell · keine Stromversorgung notwendig	· hohe Genauigkeit · annähernd lineare Kennlinie · stabil	· schnelle Messung · sehr leistungsfähig · hohes dR/dT · eichfähig	· sehr lineare Kennlinie · große Empfindlichkeit · gutes Preis/Leistungsverhältnis · einfache Stromversorgung
Nachteile	· niedere Signalpegel · nicht linear · unstabil · störungsempfindlich · Vergleichsmeßstelle erforderlich	· sehr langsam · kleiner Temperatur-/Spannungskoeffizient · Selbsterwärmung · teuer · konstante Stromversorgung notwendig	· nicht linear · kleiner Temperaturbereich · instabil im oberen Temperaturbereich · Selbsterwärmung · konstante Stromversorgung notwendig	· langsam · kleiner Temperaturbereich · begrenzte Einsatzmöglichkeiten · Selbsterwärmung

NTC = negativer Temperaturkoeffizient IC = integrated circuit

Bild 4.3: Vor- und Nachteile tastender Sensorik

Thermoelemente werden bevorzugt aufgrund schnellem Ansprechverhalten, Langzeitstabilität, großem Temperaturbereich und geringen Anschaffungskosten. Zu ihrem entscheidendsten Nachteil zählt jedoch, daß die Meßwerte einen sehr niedrigen Signalpegel aufweisen und folglich zusätzlich verstärkt werden müssen. Durch ihren äußerst geringen inneren Widerstand besteht zudem die Gefahr einer beträchtlichen Einstreuung von Störsignalen, vor allem beim Einsatz in rauher Umgebung und bei langen Meßleitungen.

Thermistoren mit negativem Temperaturkoeffizienten (NTC) liefern in einem begrenzten Temperaturbereich - typisch 10 bis 50°C - ein gut reproduzierbares Signal, das sich zudem durch einen hohen Temperaturkoeffizienten (3 bis 10 %/^{o}C) auszeichnet. Die erreichbare Genauigkeit liegt herstellungsbedingt z. Z. bei ± 0,05^{o}C, die jedoch mit einer langen Meßzeit gekoppelt ist.

Bei **Widerstandstemperatursensoren** (PTC) aus Platin sind durch verbesserte Herstellungsverfahren Meßgenauigkeiten von ca. ± 0,1 ^{o}C erreichbar. Vorteilhaft wirken sich die Robustheit und die gute Reproduzierbarkeit der Meßwerte über einen relativ großen Temperaturbereich aus, wobei infolge hoher Trägheit des Sensors jedoch ebenfalls lange Meßzeiten in Kauf genommen werden müssen.

Durch fortlaufende Weiterentwicklung in der Elektronik konnten die **integrierten Halbleitersensoren** zunehmend verbessert werden, so daß sie heute mit zu den genauesten Typen gehören. Der laserabgeglichene Sensor garantiert über den gesamten Temperaturbereich eine nahezu lineare Kennlinie und hohe Genauigkeit (± 0,2^{o}C). Das Ausgangssignal ist proportional der Temperatur.

Da die letzten drei Sensortypen passive Elemente sind, muß zur Messung teilweise eine konstante Spannungsversorgung bereitgestellt werden, was folgende Nachteile mit sich bringt:
- Eigenerwärmung durch die am Fühler umgesetzte Leistung, da der Meßstrom bei entsprechender Auflösung nicht zu klein gewählt werden darf;
- Beeinflussung des Meßergebnisses durch den Widerstand der Anschlußleitungen und durch ihren Temperaturkoeffizienten.

4.1.3 Bewertung der Sensorik

Die **berührungslos messende Sensorik** vereint die Vorteile einer hohen Meßgeschwindigkeit mit einer völligen Entkopplung vom Meßobjekt. Sie kann dazu eingesetzt werden, um im automatischen Scannbetrieb die Werkstückoberflächentemperatur zu ermitteln. Nachteile ergeben sich aus der eingeschränkten Meßgenauigkeit infolge zu geringer Temperaturdifferenz zur Umgebung und der wechselnden Oberflächenstruktur der Werkstücke. Die notwendige Meßgenauigkeit ist nur anwendungsbezogen gegeben. Der Einsatz bedarf der jeweiligen Überprüfung der Anforderungen. Die Temperaturmessung am maschineninternen Meßsystem ist aufgrund der unzugänglichen Meßstellen nicht möglich.

Die dargestellten **berührend messenden Sensortypen** verfügen über unterschiedliche Eigenschaften laut Bild 4.4.

		Ni-CrNi (Thermoelem.)	Pt 100	NTC	LM 35 (IC-Sensor)
		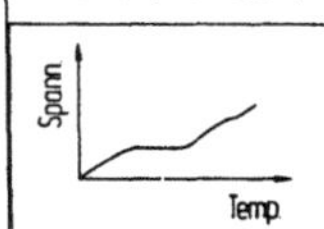	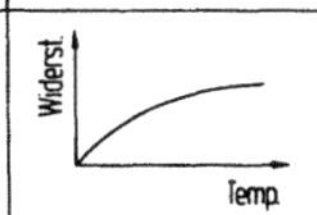	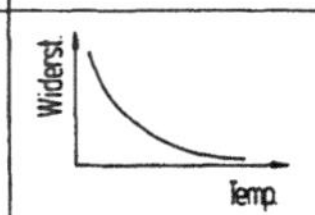	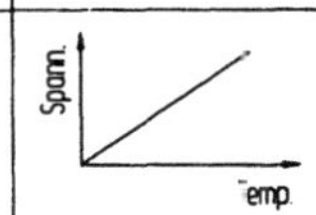
Einstellzeit: (t_{99})	Oberflächenmessung	3...30s	15...40s	20s	30...60s
	Tauchmessung	1....4s	~5s	5...9s	3...4s
	Luftmessung	9...50s	40...90s	50...80s	~180s
Genauigkeit bei ~20 °C		± 1,5 °C	± 0,1 °C	± 0,2 °C	± 0,2 °C
	gesamter Meßbereich	~0,5 % v. MB	± 0,1 % v. MB	± 0,8 °C	± 0,4 °C
Temperaturbereich		-200 ... +1200 °C	-200 .... +600 °C	-40 ..... +130 °C	-40 ..... +110 °C
Abmessungen		sehr klein	groß	klein	klein
Anschaffungskosten		~20 DM	~150 DM	~30 DM	~35 DM
Anwendung		sehr großer Meßbereich ungenau	großer Meßbereich sehr genau	kleiner Meßbereich genau	kleiner Meßbereich sehr genau

Bild 4.4: Eigenschaften ausgewählter Temperatursensorik

Durch einen Vergleich mit den in Abschnitt 3.2.1 definierten Anforderungen stellt sich heraus, daß IC-Sensoren die günstigsten Eigenschaften für den Einsatz in rauher Fertigungsumgebung haben. Aufgrund der nicht zu vernachlässigenden Einstellzeit eignet er sich jedoch nur für den ortsfesten Einbau und damit in diesem Zusammenhang lediglich für die

Temperaturmessung an der Maschine. Für die Ermittlung der Werkstücktemperatur wird im folgenden auf den Thermoelementfühler hinsichtlich seiner kurzen Meßzeit zurückgegriffen.

4.1.4 Kalibriermaßnahmen

Die in Abschnitt 3.2.1 geforderte Genauigkeit wird allerdings ohne zusätzliche Kalibriermaßnahmen nicht erfüllt, wie aus Bild 4.4 zu ersehen ist. Es ist daher notwendig, die verbleibenden systematischen Restfehler der Sensorik und nachgeschalteter Signalumformer zu eliminieren. Diese Offset-, Verstärkungs- und Linearitätsfehler werden einmalig über einen typischen Temperaturbereich (15 ... 40^{0}C hat sich als ausreichend erwiesen) ermittelt und tabellarisch als Korrekturdaten hinterlegt.

Zur Kalibrierung der Sensorik eignen sich prinzipiell Hardware- und Softwarelösungen. Da zur Meßdatenerfassung ein Prüfsystem bereitsteht und darüber hinaus Softwarelösungen bessere Ergebnisse als reine Hardwareschaltungen erbringen, sind programmtechnische Lösungen zu bevorzugen.

Einerseits können Sensor und Umformer getrennt korrigiert werden, was Vorteile in ihrer unabhängigen Austauschbarkeit hat. Andererseits bietet eine "Über alles"-Korrektur den Vorteil, in einem Prüfverfahren alle Elemente der Sensorkette zu erfassen.

Daneben sind auch verfahrensbedingte Fehler zu beseitigen, die dann auftreten, wenn mit einem tastenden Sensor die Werkstücktemperatur über Meßpunkte auf der Oberfläche ermittelt wird. Um den Fehler durch Wärmeentzug aus der Werkstückoberfläche zu minimieren, ist die Wärmekapazität des Sensors möglichst klein zu wählen, beispielsweise durch

Foliensensoren bei Thermoelementen. Die unterschiedlichen Einstellzeiten infolge der Rauhigkeit der Oberfläche lassen sich experimentell ermitteln und bilden mit den anderen Korrekturdaten die Grundlage für eine spätere On-line-Korrektur durch das Prüfsystem, wodurch sich die Temperatur auf $\pm$ 0,1 genau erfassen läßt (vgl. Abschnitt 5).

4.2 Darstellung der Temperaturauswirkungen auf der Grundlage experimenteller Untersuchungen

Im folgenden werden Untersuchungsmethoden dargestellt, die den dehnungsproportionalen Zusammenhang aufgrund der Temperatur der Maßverkörperung der Bearbeitungsmaschine und des Werkstücks nachweisen sollen. Für die Herleitung des Zusammenhangs gelten folgende Randbedingungen:

- Die montagegerechte Fertigung erzwingt eine Bezugstemperatur für das Werkstückmaß. Diese entspricht mit 20°C der international festgelegten Bezugstemperatur für industrielle Längenmeßtechnik. Die Korrekturdaten müssen sich auf diese Temperatur beziehen, um bei
  - unterschiedlichen Ausdehnungskoeffizienten;
  - Temperaturunterschieden während der Fertigbearbeitung zwischen Maschine bzw. Meßsystem und Werkstück

  absolute Maßfehler zu verhindern (Bild 4.5).
- Bei dem betrachteten Werkstückspektrum gemäß Abschnitt 3.1 wirken sich Temperatureinflüsse überwiegend in nur einer Achse aus, nämlich in der Achse mit dem größten Werkstückmaß (längenkritische Achse). Deshalb sollen die folgenden Untersuchungen sowie die darzustellende Verlagerungs- (Maschine) und Ausdehnungskompensation (Werkstück) auf diese Achse begrenzt bleiben. Für andere Werkstücke muß dies für die sich ebenfalls auswirkenden Achsen wiederholt werden. Dadurch, daß alle Achsen prinzipiell ähnliches Verhalten zeigen, ist die Vorgehensweise jederzeit übertragbar.

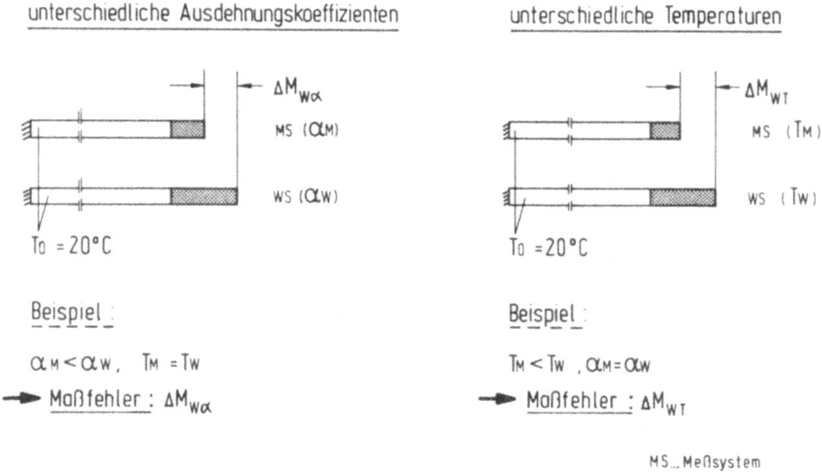

Bild 4.5: Notwendigkeit einer Bezugstemperatur

Für die Erarbeitung der Kompensationsgrundlagen ist es vorteilhaft, in einem ersten Schritt die Auswirkungen der Temperaturbeeinflussung zu analysieren. Beispielmessungen ergaben dabei den in Bild 4.6 aufgetragenen, typischen Verlauf T/t unterschiedlicher Temperaturmeßstellen.

Die Ursachen für das ausgeprägte Profil sind in erster Linie die

- Klimabedingten Schwankungen der Hallenumgebungstemperatur (tages- und jahreszeitabhängig);
- Anzahl und Lage halleninterner Wärmequellen (Maschinen, Heizkörper etc.);
- Tag/Nachtabsenkung des Hallenheizsystems;
- Anzahl und Lage der Hallentore und -fenster sowie ihr Öffnen und Schließen (Durchzug);
- Isolationswirkung von Hallenwand und -dach.

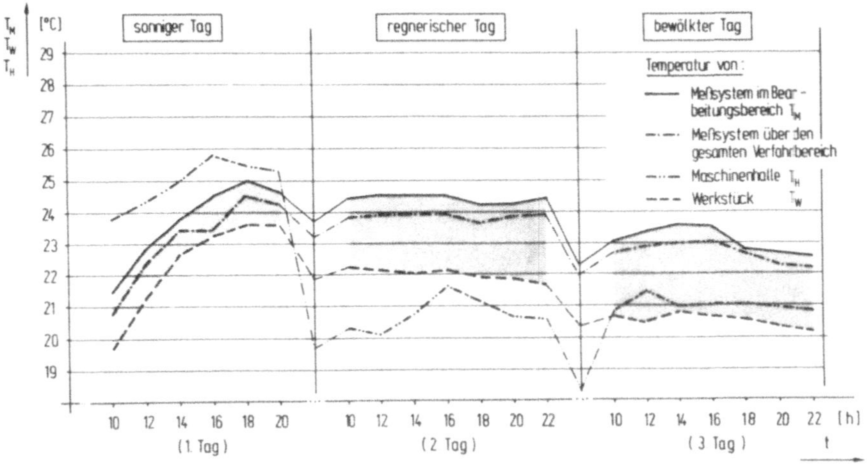

Bild 4.6: Experimentell ermittelter Temperaturverlauf über drei Tage

Wie im Rahmen dieser Arbeit durchgeführte Messungen über den Zeitraum eines Jahres ergaben, sind diese Störeinflüsse dafür maßgebend, daß in der untersuchten Maschinenhalle eine minimale Temperatur von 16°C im Winter bzw. 32°C im Sommer erreicht wird. Die dabei aufgetretenen tageszeitlichen Änderungen liegen zwischen 1°C und 11°C in Abhängigkeit der Strahlleistung der Sonne.

Nach Bild 4.7 vergrößern sich die Temperaturunterschiede zwischen Maschine und Werkstück zusätzlich, wenn Zerspanvorgänge bzw. Werkstückwechsel ausgeführt werden, wie man leicht durch Vergleich mit Bild 4.6 erkennen kann, wo das aufgespannte Werkstück nur dem Einfluß der Umgebung ausgesetzt war.

Aufgrund der vielseitigen Störeinflüsse durch die Maschinenhallentemperatur und die Wärmeeinstrahlung ist es sinnvoll, das Werkstück und die Maschine in getrennten Schritten zu betrachten.

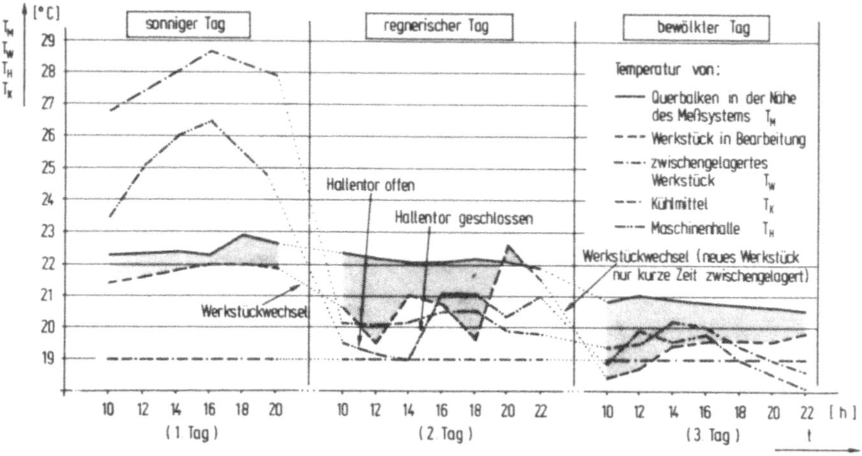

Bild 4.7: Experimentell ermittelter Temperaturverlauf mit Fertigungs- und Werkstückwechseleinfluß

4.2.1 Werkstück

Für die Berechnung der Wärmedehnung ist die Form und der konstruktive Aufbau des Werkstücks sowie der Ausdehnungskoeffizient von ausschlaggebender Bedeutung, weil dadurch sehr individuelle Maßänderungen resultieren können. Die Herleitung einer Gleichung zur Quantifizierung der Dehnungen hat sich daher am betrachteten Werkstückspektrum zu orientieren. Unabhängig davon läßt sich grundsätzlich folgende Klassifizierung für große prismatische Werkstücke erstellen:

- verrippte Gestell- bzw. Kastenform (dünn-/dickwandig);
- Stirn-, Seiten-, Boden- bzw. Deckelteile (dünn-/dickwandig);
- Leisten, Quader (Vollprofil).

Für große rotationssymmetrische Werkstücke gilt:
- Seiten-, Boden- bzw. Deckelteile (dünn-/dickwandig);
- Ringe und Scheiben (dünnwandig/Vollprofil);
- Walzen (Hohlzylinderprofil);
- Achsen und Wellen (Vollprofil).

Ein weiteres Unterscheidungsmerkmal ist der Ausdehnungskoeffizient (Stahl $\alpha \approx 10 \cdot 10^{-6}$, CrNi-Stahl $\alpha \approx 16 \cdot 10^{-6}$). Die Werkstücke bestehen entweder aus einem einheitlichen oder einem Verbund solcher unterschiedlicher Werkstoffe.

Für die Ermittlung der Dehnungsänderungen ist es am zweckmäßigsten, die Dehnungen als Funktion der Temperatur von repräsentativen Meßstellen auf der Werkstückoberfläche darzustellen. Eine der wichtigsten Maßnahmen der Oberflächentemperaturmessung ist daher die Auswahl der richtigen Meßstellen. Diesbezüglich gilt:
- es sind nur Meßstellen von Bedeutung, die Temperaturänderungen des Werkstücks hinreichend genau wiedergeben, sich also durch ein großes ΔT_W auszeichnen.
- nach Möglichkeit sind alle Temperaturauswirkungen mit einer minimalen Anzahl von Meßstellen zu erfassen, da mit ihrer Zahl die Prüfzeit und damit die Nebenzeit der Maschine ansteigt;
- die Wahl der Meßstellen sowie ihrer Anzahl richtet sich dabei nach Ort und Wirkung der einzelnen Wärmequellen (Wärmeeinstrahlung von oben, Zerspanung, Antriebe u. a.).

Eine wichtige Voraussetzung bei der Oberflächenmessung ist, daß insbesondere für dickwandige Werkstücke bzw. Vollprofile ein funktionaler Zusammenhang zwischen der Temperatur der Oberfläche und der Wandrückseite bzw. im Kern ableitbar sein muß, wenn diese Meßtechnik angewendet werden soll. Es sind daher die Einflüsse der Umgebungs- und der Zerspanungswärme im einzelnen zu analysieren.

Umgebungswärme

Bild 4.8 zeigt den experimentell ermittelten Temperaturverlauf an einem langen Werkstück in Kastenbauweise. Das auf dem Maschinentisch aufgespannte Werkstück wurde über den Zeitraum der Messung weder bewegt noch bearbeitet. Deutlich sichtbar ist der **tageszeitabhängige Temperaturverlauf**, der zudem einen Temperaturunterschied zwischen Werkstückober- und -unterseite ausweist. Dieser hat seine Ursache darin, daß infolge der Wärmestrahlung aus der Umgebung, insbesondere an sonnigen Tagen von der Hallendecke, die Oberseite eine stärkere Erwärmung erfährt. Fällt diese Wärmequelle weg, z. B. nachts, so gleichen sich beide Temperaturen im wesentlichen an, und dann bestimmt nur noch das Hallenklima das Temperaturniveau des Werkstücks.

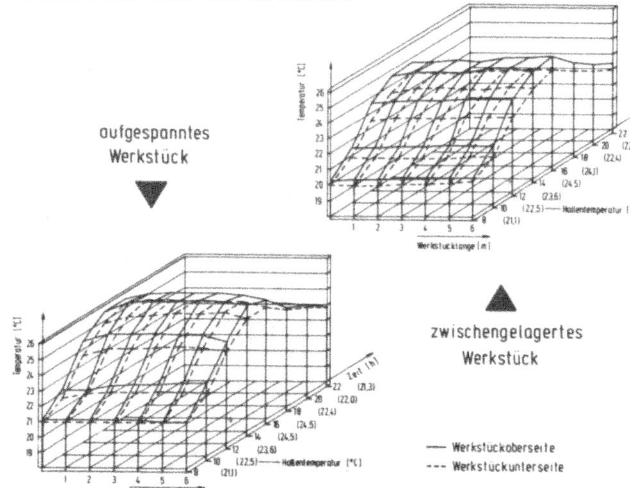

Bild 4.8: Tageszeitabhängiger Temperaturverlauf an der Werkstückoberfläche

Die Temperatur ist aber auch eine Funktion des Ablageorts, wie Bild 4.8 zeigt. Die zwei gleichartigen Werkstücke in unterschiedlicher Lage in der Maschinenhalle zeigen zwar ähnliche Temperaturverläufe, jedoch unterscheiden sie sich in ihrem absoluten Temperaturniveau. Die Ortsabhängigkeit ergibt sich durch ungleich verteilte Strahlungswärme in der Halle, hervorgerufen durch Schattenwirkungen von Maschinen, lokale Wärmequellen wie Heizsysteme oder Zugluft durch offenstehende Hallentore und -fenster.

Zerspanungswärme

Jeder Zerspanungsvorgang bringt eine zusätzliche Änderung des Temperaturniveaus des Werkstücks mit sich. Wenngleich die Auswirkungen bei kleinen Werkstücken erheblicher sind infolge einer gesamten Temperaturanhebung, so dürfen sie dennoch in der Großteilefertigung nicht vernachlässigt werden.

Nach Bild 4.9 ruft ein Zerspanungsvorgang ein Temperaturanstiegs- und -abkühlungsverhalten in Form von Übergangsfunktionen 1. Ordnung hervor. Beide Teilkurven werden einerseits bestimmt durch den mit der Bearbeitung verbundenen Temperaturhub und andererseits durch die Geschwindigkeit,

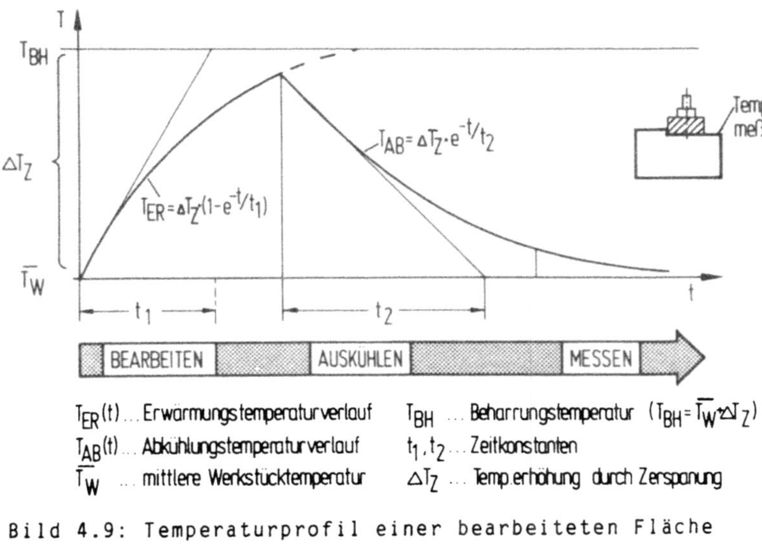

Bild 4.9: Temperaturprofil einer bearbeiteten Fläche

mit der die eingeleitete Wärme an die Umgebung und anschließendes Material abgeführt werden kann. Dadurch, daß vordringlich Komplettbearbeitung angestrebt wird, ergibt sich an vielen Werkstückflächen das skizzierte Temperaturprofil. Die schwierig analysierbaren Temperaturfelder veranschaulichen die Problematik der Interpretation der Meßwerte. Diese Tatsache muß sich also in der Kompensationsstrategie wiederfinden, zumal davon ausgegangen werden kann, daß der vor der Bearbeitung herrschende Temperaturzustand erst nach langer Ausgleichszeit annähernd wieder erreicht werden kann.

Zu unterscheiden sind prinzipiell die Auswirkungen einer Stirn- bzw. einer Seitenbearbeitung. Im Gegensatz zu den Stirnflächen bewirkt eine Wärmezufuhr an den Seitenflächen über die Gesamtlänge eine wesentlich größere Dehnung als dies nur über das verhältnismäßig kleine Temperaturprofil in den Stirnflächen möglich ist.

Im Bild 4.10 (rechter Teil) ist z. B. in Abhängigkeit vom Abstand von der Zerspanzone das Temperaturprofil bei **Seitenbearbeitung** wiedergegeben. Man erkennt, wenn über der gesamten Länge zerspant wird, erfolgt eine nicht zu vernachlässigende Werkstücklängung, die sicherlich vom Werkstückaufbau (dünn-/dickwandig, Vollprofil) abhängt. Gleichzeitig zeigt sich, daß die in das Werkstück abfließende Wärme eine Funktion des Vorschubs ist /11, 13/. Insbesondere das Schlichten wirkt sich sehr temperaturerhöhend aus.

Betrachtet man die Auswirkungen der **Stirnbearbeitung**, ergibt sich am Beispiel eines prismatischen Werkstücks der in Bild 4.10 (linker Teil) skizzierte Temperaturverlauf längs der Mittellinie. Die Temperaturerhöhung wirkt sich im Vergleich zur Seitenbearbeitung bei langen Werkstücken nur in einem kurzen Teilbereich aus, so daß im Gesamtbild keine wesentliche Beeinflussung auftritt.

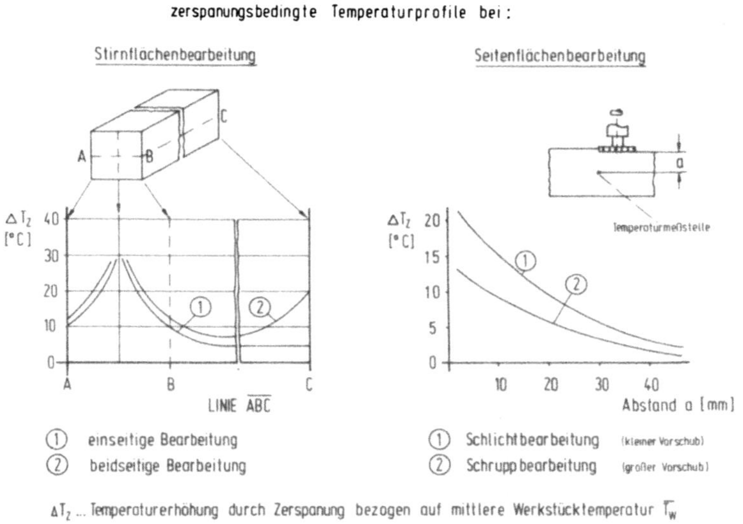

Bild 4.10: Temperaturprofile infolge Zerspanung

Für die definierte Werkstückklassifizierung gelten daher folgende Aussagen:

- Bei prismatischen oder rotationssymmetrischen Vollprofilen bewirkt Seiten-, Stirn- bzw. Umfangsbearbeitung einen Temperaturgradienten in Richtung Werkstückkern. Infolge des Temperaturausgleichs sind Längendehnungen zu erwarten, deren Betrag von der Temperaturerhöhung und dem Ausdehnungskoeffizienten des Werkstücks abhängt.
- Bei dünnwandigen prismatischen Werkstückformen erfolgt die Temperaturerhöhung sehr schnell, wobei sich eine einheitliche Temperatur über der bearbeiteten Fläche und im Querschnitt einstellt.
- Bei dünnwandigen rotationssymmetrischen Teilen verteilt sich bei der Umfangsbearbeitung die Zerspanwärme gleichmäßig über den gesamten Querschnitt. Auch die Wärmestrahlung aus der Umgebung kann aufgrund der Werkstückrotation nur eine ausgeglichene Temperaturerhöhung an der Oberseite bewirken.

Vorgehensweise zur Bestimmung der Werkstücktemperatur

Für die Beschreibung des Temperaturzustandes und damit der Ausdehnungen sind prinzipiell folgende Lösungswege denkbar:

- Temperaturmessung an Ober- und Unterseite und geeignete Mittelwertbildung;
- Approximation der Ausdehnung mit mehreren, gezielt gesuchten Temperaturfunktionen (Korrelationsrechnung).

Beide Wege stützen sich auf die experimentelle Ermittlung geeigneter Meßstellen, um praxisgerechte $\Delta L/\Delta T$ - Funktionen abzuleiten. Ferner ist zu beachten, daß dieser Zusammenhang bei allen vorkommenden Fertigungsbedingungen gelten muß.

Für **einfache Werkstücke** (z. B. Leisten, Ringe) kann in vielen Fällen der erste Weg beschritten werden, wenn vorausgesetzt wird, daß signifikante Meßstellen bei prismatischen auf der Ober- und Unterseite und bei rotationssymmetrischen zusätzlich auf dem Umfang liegen. Für die Verteilung der Meßpunkte gilt gemäß durchgeführter Untersuchungen :

- Zur Ermittlung der eingestrahlten Wärme sind Meßpunkte im Abstand von 1 bis 2 m ausreichend, da durch Temperaturausgleich starke lokale Gradienten vermieden werden.
- Zur Erfassung der durch Zerspanungswärme zugeführten Temperaturerhöhung sind auf der bearbeiteten Fläche je m^2 zwei Meßpunkte vorzusehen. Dieser Wert hat sich bei den durchgeführten Untersuchungen als ausreichend erwiesen. Gleichzeitig muß jedoch auch die Temperatur im Umfeld der Bearbeitungszone erfaßt werden, um die Auswirkungen der Zerspanungswärme zu erkennen. Bei der Seitenbearbeitung sind dies die angrenzenden, bei der Stirnbearbeitung die rechtwinklig anschließenden Flächen.

Die Quantifizierung der Ausdehnungen erfolgt über die Bestimmung des mittleren Temperaturwerts. Für prismatische Werkstücke ist dies bei Seitenbearbeitung oder nach einem Temperaturausgleich zulässig, weil sich dann alle längenkritischen Teile auf sehr ähnlichen Temperaturniveau befinden. Bei Stirnbearbeitung sind zusätzlich die in Bild 4.11 skizzierten, zespanungsbedingten Ausdehnungen zu berechnen, die sich als Folge der Temperaturerhöhung für die unmittelbar angrenzenden Längsteile ergeben. Basis ist die experimentelle Bestimmung der Einwirkungslänge L_E. Für rotationssymmetrische Werkstücke werden aus oben genannten Gründen über die mittlere Temperatur ausreichend genaue Ausdehnungsdaten berechnet.

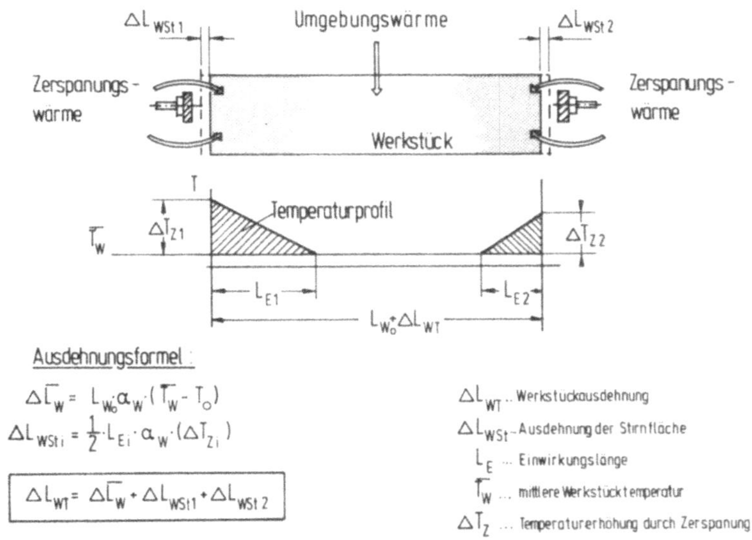

$$\Delta \bar{L}_W = L_{W0} \cdot \alpha_W \cdot (\bar{T}_W - T_0)$$

$$\Delta L_{WSti} = \frac{1}{2} \cdot L_{Ei} \cdot \alpha_W \cdot (\Delta T_{Zi})$$

$$\Delta L_{WT} = \Delta \bar{L}_W + \Delta L_{WSt1} + \Delta L_{WSt2}$$

Bild 4.11: Zerspanungsbedingte Ausdehnung bei Stirnbearbeitung

Die Ausdehnung **komplizierter Werkstücke** ist i. a. nicht über eine alleinige, punktuelle Bestimmung der Oberflächentemperatur hinreichend genau beschreibbar. Der Werkstückaufbau ist oft so komplex, daß man die Strukturteile, die zur Ausdehnung beitragen oder diese hemmen, nicht immer einwandfrei identifizieren kann. Daher muß für jedes längenkritische Werkstück die Ausdehnung als Funktion mehrerer Temperaturmeßstellen über die Fertigung von Versuchswerkstücken oder die Simulation der Bearbeitung mit künstlichen Wärmequellen experimentell aufgenommen werden. Diese Vorgehensweise kennzeichnet drei Arbeitsschritte:

- Messung der Temperaturverteilung auf der Werkstückoberfläche; gezielte Meßpunktverteilung aufgrund der Kenntnisse über die Zerspanungsstellen und den Aufbau;
- Messung der aufgrund der Temperaturverteilung resultierenden Ausdehnungen;
- Korrelation der Meßwerte, wodurch sich relevante Meßstellen ableiten lassen.

Zur Ermittlung gesicherter Daten ist ein Untersuchungszeitraum von ca. zwei Tagen vorzusehen. Das Versuchsergebnis zeigt dann den beispielhaften Verlauf nach Bild 4.12.

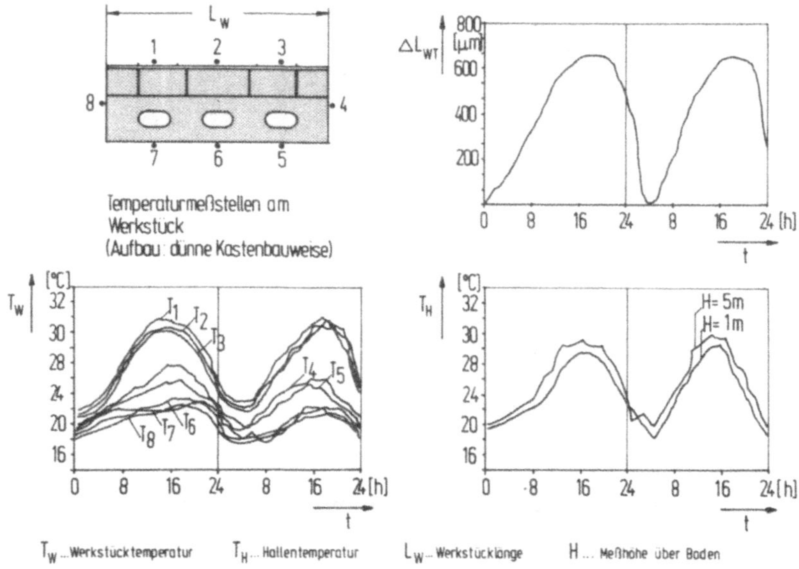

Bild 4.12: Einfluß der thermischen Belastung auf die Werkstückausdehnung

Die analytische Bestimmung des Ausdehnungsverhaltens von

Verbundwerkstücken ist sehr komplex und infolge der wirkenden inneren Spannungen nur mit großem rechentechnischen Aufwand (z. B. Finite-Elemente-Methode) durchzuführen. Eine Untersuchung wurde daher an dieser Stelle nicht durchgeführt.

4.2.2 Bearbeitungsmaschine

Bei der Diskussion der Temperaturauswirkungen auf das Maschinenmeßsystem sind direkte lineare und rotatorische Meßsysteme zu unterscheiden. Fehlerverursachende Maschinenverlagerungen sind jedoch lediglich bei linearen Meßsystemen entsprechender Länge, wie sie z. B. bei großen Portalfräsmaschinen oder Karusselldrehmaschinen (in der X-Achse) verwendet werden, zu erwarten. Rotatorische Meßsysteme für Drehtische unterliegen keiner thermischen Beeinflussung, weil Teilungsänderungen der Maßscheibe vernachlässigbar sind. Infolgedessen sollen anschließend nur lineare Meßsysteme analysiert werden.

Das Meßsystem ist unmittelbar Bestandteil der Verformungskette, die die gegenseitige Lage von Werkzeug und Werkstück bestimmt. Es ist daher ersichtlich, daß beim Positionieren ein sehr wesentlicher Teil der Verlagerungen auf Dehnungen im Meßsystem zurückzuführen ist, wodurch eine räumliche Streckung des Koordinatensystems zustandekommt. Diese Dehnung muß daher über die Erfassung der Temperatur ermittelt werden, indem direkte oder indirekte (über den Maschinentisch) Meßverfahren herangezogen werden.

4.2.2.1 Maschinentisch

Untersuchungen an Fräs- und Drehmaschinen haben gezeigt, daß es in der Regel unmöglich ist, für das Temperaturniveau des Meßsystems charakteristische Meßstellen auf dem Maschinentisch zu finden. Vor allem externe Beeinflussung durch Späne, Kühlmittel und Umgebungswärmestrahlung verursacht instationäre Temperaturfelder im Tisch, die keinen funktionalen Zusammenhang zur tatsächlichen Maschinenverlagerung haben. Außerdem ist das Temperaturniveau des Tisches zusätzlich abhängig von der Lage und Größe des aufgespannten Werkstücks, weil je nach abgedecktem Flächenverhältnis die eingestrahlte Wärmemenge verändert wird. Ferner gilt, daß in Abhängigkeit des Tischstandorts bei Fräsmaschinen die örtliche Temperaturverteilung variiert, was auf unterschiedliche Strahlungsleistung und Temperaturschichtung der Umgebung zurückzuführen ist. Bild 4.13 zeigt einen typischen Temperaturverlauf über der Tischoberfläche (Teilbereich) einer großen Portalfräsmaschine.

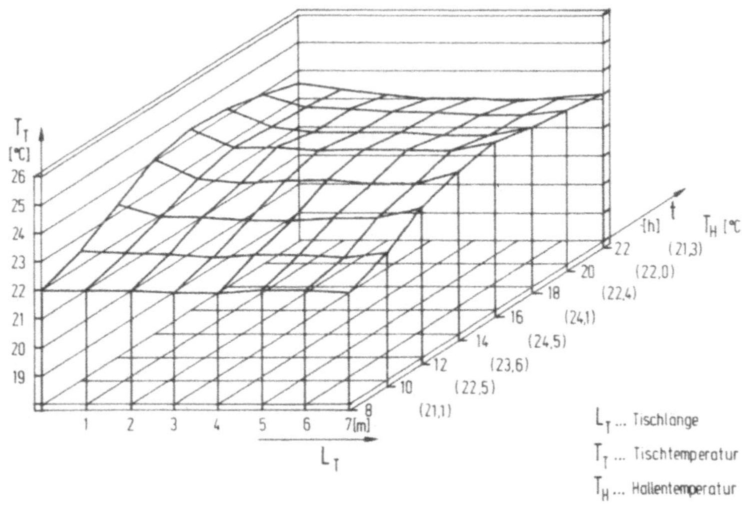

Bild 4.13: Temperaturverlauf über der Tischoberfläche

4.2.2.2 Maschinenmeßsystem

Vergleicht man Bild 4.13 mit Bild 4.14, in dem der Temperaturverlauf des Meßsystems simultan zu dem des Tisches aufgetragen ist, so erkennt man, daß folgende Gründe für eine direkte Temperaturmessung am Meßsystem sprechen:

- mit der Gleichsetzung beider Temperaturverläufe wird ein unzulässiger Fehler begangen, weil die thermische Beeinflussung beider Maschinenteile sehr unterschiedlich ist und sich deshalb nicht identische Verläufe ergeben;
- die Temperaturen nur in bestimmten Fällen annäherungsweise übereinstimmen (z. B. für Fräsmaschinen bei aufgespanntem Werkstück und nach längerem Nichtverfahren des Tisches in seiner Mittelachse, weil dort geschützt von den Einflüssen der Umgebungsstrahlung und hydrostatisch gelagerter Führungen ähnliche Temperaturverläufe wie in der Meßsystemumgebung auftreten; für Drehmaschinen existieren keine bevorzugten Meßstellen).

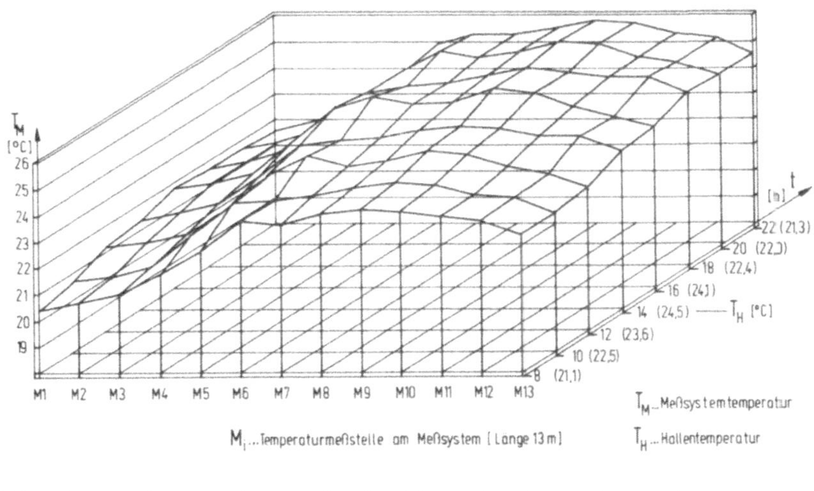

Bild 4.14: Temperaturverlauf über dem Maschinenmeßsystem

Um eine allgemeingültige Aussage zur Berechnung der Verlagerungsfehler machen zu können, muß folglich die Temperatur des Meßsystems direkt erfaßt und kompensiert werden. Erst dadurch wird erreicht, daß die Maschine die vorgegebene Position temperaturunabhängig anfahren kann.

Die Meßsysteme werden nach Bild 4.15 im wesentlichen beeinflußt von der Bettemperatur, der Lufttemperatur zwischen Bett und Tisch, der Wärmeabstrahlung durch die Antriebe und hydrostatisch gelagerter Führungselemente bzw. durch den Tisch. Die fertigungsbegleitenden **internen** Störungen führen also dazu, daß sich über die gesamte Meßsystemlänge zeitlich und örtlich unterschiedliche Temperaturen einstellen.

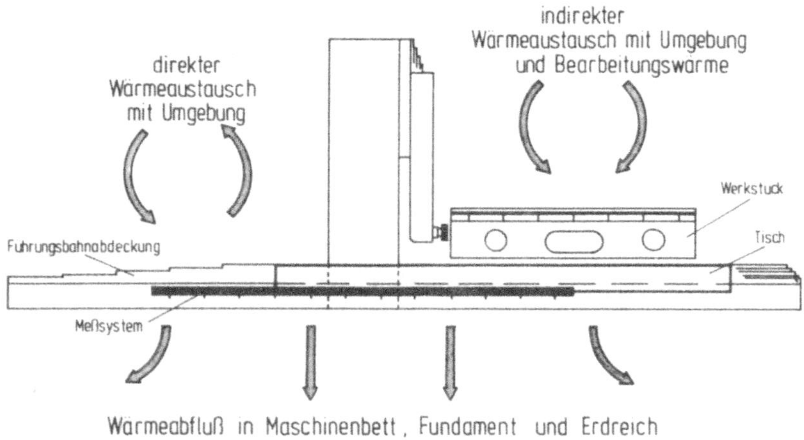

Bild 4.15: Temperaturbeeinflussung durch die Meßsystemumgebung

Trägt man die Temperaturdaten der einzelnen Meßstellen über der Zeit auf, ergibt sich exemplarisch der in Bild 4.16 dargestellte quantitative Verlauf. Deutlich sind die großen Schwankungen, die sich durch den Wechsel zwischen Betrieb und Pause sowie oben genannter Einflüsse ergeben. Insbesondere verdeutlicht die kleine Abbildung in Bild 4.16 die Bandbreite, in der jede Meßstelle ihre Temperatur variieren kann. In einer starken Abkühlungsphase, wie z. B. über das Wochenende, nimmt diese noch erheblich zu, wenn **externe**

Wärmequellen (z. B. Hallenheizung) entfallen.

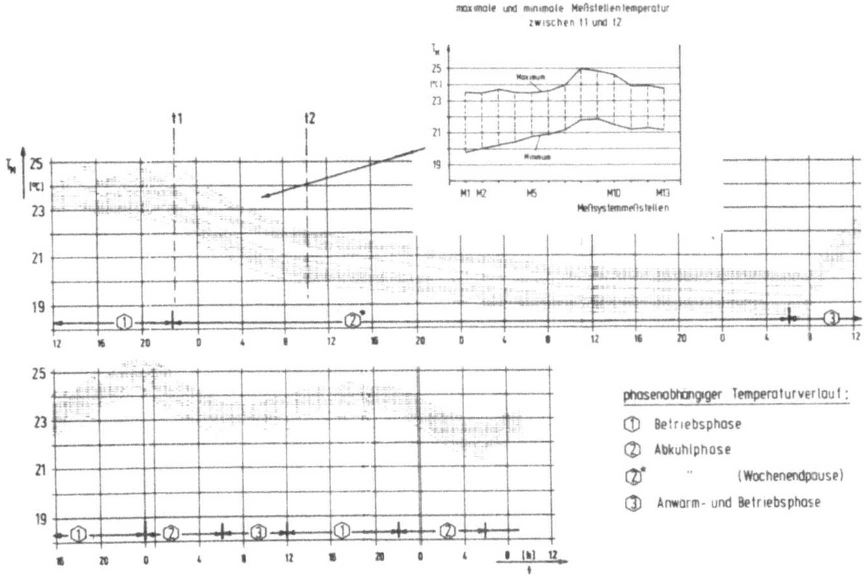

Bild 4.16: Temperaturverlauf über dem Meßsystem

Die obigen Abbildungen zeigen, daß die prüfsysteminterne Darstellung des Temperaturprofils des Meßsystems zwangsläufig Grundlage für die Verlagerungsberechnungen sein muß. Damit genügt es nicht, wie die Abbildungen zeigen, die Meßsystemtemperatur mit nur einer Meßstelle zu erfassen. Als zweckmäßig hat sich bei Großbearbeitungsmaschinen ein Abstand von 1 m erwiesen. Eine höhere Sensordichte ist aus folgenden Gründen nicht erforderlich:

- durch konstruktive Maßnahmen ist sichergestellt, daß interne Wärmequellen entkoppelt sind bzw. nicht direkt auf die Maßverkörperung abstrahlen und damit eine Erwärmung des Meßsystems in einem größeren Bereich eintritt;
- externe Wärmeeinkopplung erfolgt nur über den Tisch, hier gilt gleiches wie oben;
- bei direkten Meßsystemen wird durch Anbringen von Sensor-

bohrungen am Meßsystemgehäuse der Temperatureinfluß des Gehäuses weitgehend eliminiert (Bild 4.17).

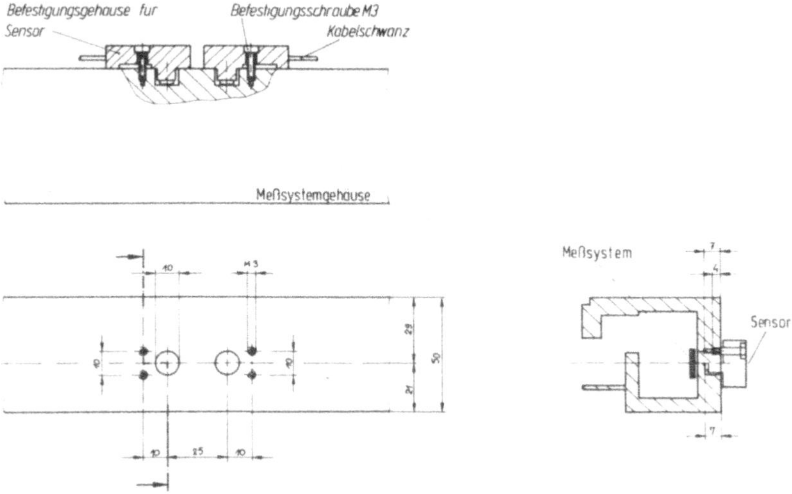

Bild 4.17: Meßsystemgehäuse zur Temperaturmessung

4.3 Mathematische Beschreibung der Temperaturauswirkungen

Die Aufgabe der analytischen Berechnung ist es, die Temperaturdifferenzen zwischen Werkstück und Maschinenmeßsystem, wie in Bild 4.18 am Beispiel einer Portalfräsmaschine aufgezeichnet, zu ermitteln und miteinander für die montagegerechte Fertigung in Beziehung zu setzen. Die prozeßnah erfaßten Maße sind gemäß Anforderung auf 20°C zurückzurechnen.

Mit der Grundgleichung für die **thermoelastische Ausdehnung**

$$\Delta L = L_o \cdot \alpha \cdot \Delta T \qquad (4.1)$$

sind prinzipiell die Längenänderungen im Werkstück ΔL_{WT}

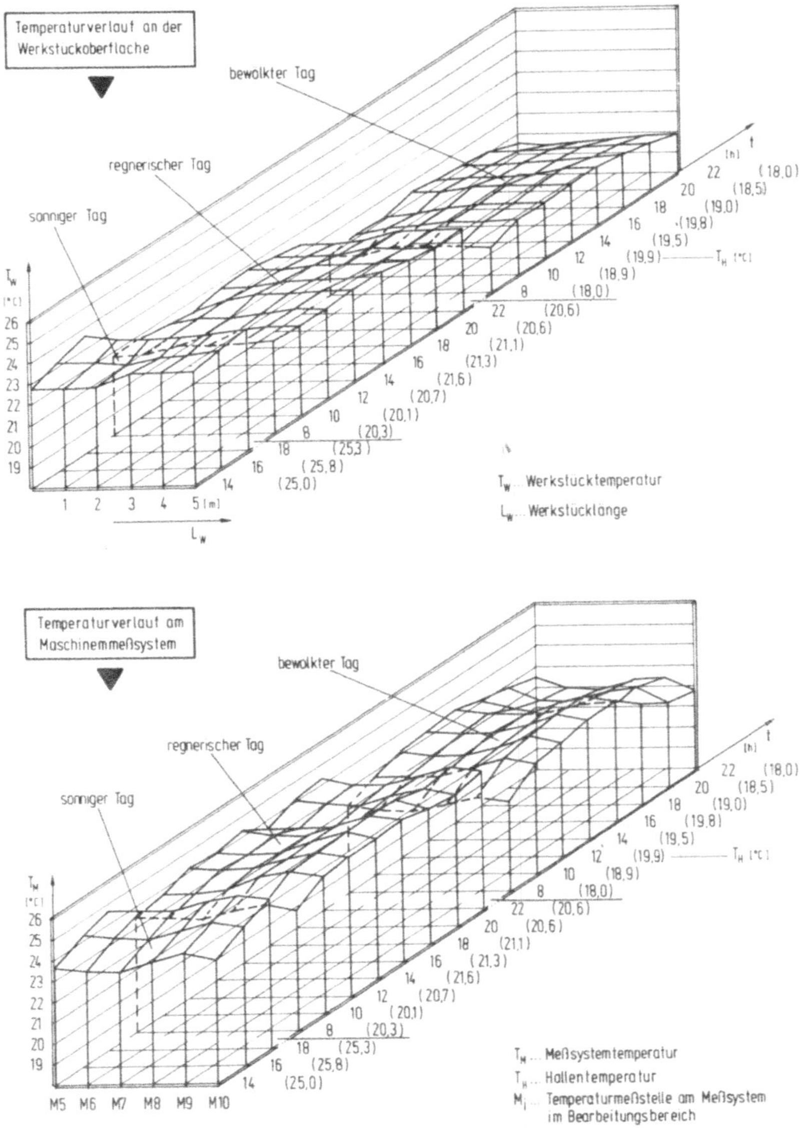

Bild 4.18: Simultan gemessener Temperaturverlauf am Werkstück und Meßsystem

und im Meßsystem ΔL_{MT} bestimmbar. L_0 bezeichnet die Bezugslänge bei einer Temperatur von 20°C und ΔT die Temperaturerhöhung. Die Berücksichtigung der **federelastischen Ausdehnungsfehler** des Meßsystems durch Einspannvorgänge, hervorgerufen durch Temperaturänderungen im Meßsystem ΔL_{MT} und im Maschinenbett ΔL_{BT}, basiert auf dem Gesetz der elastischen Verformung. Die Längenänderung berechnet sich aus dem Quotienten Kraft durch Federsteifigkeit c.

$$\Delta L = \frac{F}{c} \qquad (4.2)$$

4.3.1 Ermittlung der thermoelastischen Werkstückdehnung

Es stellt sich die Aufgabe, das durch MIM erzeugte Werkstückistmaß L_{WI} mittels der Gleichung

$$L_{WI} = L_{Wo} + \Delta L_{WT}$$

auf die Bezugsgröße L_{Wo} zu beziehen. Dies geschieht über die Berechnung von ΔL_{WT}, wobei die zugehörigen Temperaturwerte über die in Abschnitt 4.1 beschriebene Sensorik aufgenommen werden. Die Güte der errechneten Temperatur-Ausdehnungsfunktion ist reziprok zur Kompliziertheit des Werkstückaufbaus. Während für einfache Werkstücke grundsätzlich Gleichung (4.1) herangezogen werden kann, gilt dies bei höherer Komplexität nur eingeschränkt.

Für **einfache Werkstücke** bietet sich die Vorgehensweise nach Abschnitt 4.2.1 an, wodurch die wesentlichen Temperaturprofile zwischen Ober- und Unterseite berücksichtigt werden. Aus den einzelnen Meßwerten wird über eine Mittelwertbildung eine repräsentative Temperatur für beide Seiten bestimmt. Durch eine erneute Mittelung steht dann der Temperaturwert $\overline{T_W}$ zur Verfügung, mit dem durch nachstehende Gleichung die Ausdehnung $\Delta \overline{L_W}$ bestimmt werden kann

$$\Delta \overline{L_W} = L_{Wo} \cdot \alpha_W \cdot (\overline{T_W} - T_o)$$

Sind an den Stirnflächen infolge Zerspanung zusätzliche Temperaturprofile meßbar, so sind diese gemäß Formel im Bild 4.11 zu beschreiben. Dann erhält man für die Gesamtausdehnung:

$$\Delta L_{WT} = L_{Wo} \cdot \alpha_W \cdot (\overline{T_W} - T_o) + \frac{1}{2} \alpha_W \cdot (L_{E1} \cdot \Delta T_{Z1} + L_{E2} \cdot \Delta T_{Z2}) \tag{4.3}$$

Bei **komplizierten Werkstücken** führt diese pragmatische Vorgehensweise nur selten zum Ziel, denn die Ausdehnung ist i. a. eine Funktion mehrerer einwirkender Wärmequellen. Dieser Zusammenhang läßt sich durch die Funktion

$$\Delta L_{WT} = f \left[\Delta T_{Wi}(t) \right]$$

beschreiben. ΔL_{WT} ist als Linearkombination beliebig vieler Temperaturverläufe als Polynom darstellbar /19/:

$$\Delta L_{WT} = a_1 \cdot \Delta T_{W1k} + a_2 \cdot \Delta T_{W2k} + \ldots + a_n \cdot \Delta T_{Wnk}$$

$$\Delta L_{WT} = \sum_{i=1}^{n} a_i \cdot \Delta T_{Wik} \qquad (i, k \ldots 1, 2, 3 \ldots n) \tag{4.4}$$

i ... Anzahl Meßstellen am Werkstück (Polynomgrad)
k ... Meßzeitpunkt
ΔT_{Wik} ... Temperaturänderung der Meßstelle zwischen t_k und t_{k-1}

Für die Ermittlung einer approximierten Ausdehnungsfunktion gilt dann unter Verwendung der Regressions- und Korrelationsrechnung /39/:

- Bestimmung der Gleichungsform über Anzahl $a_i \cdot \Delta T_{Wik}$;
- Berechnung der Koeffizienten a_i mittels Methode der kleinsten Quadrate /40/.

4.3.2 Bestimmung der thermoelastischen Meßsystemdehnung

Da bei der Temperaturverteilung im Meßsystem von einem ungleichmäßigen Profil laut Bild 4.18 ausgegangen werden muß, unterteilt man das Meßsystem in Teilabschnitte L_{Mt}, wobei jeweils über einen Sensor der zugehörige Temperaturwert des Abschnitts bestimmt wird. Die thermoelastische Gesamtdehnung ΔL_{MT} des Meßsystems ergibt sich dann durch Addition der Teildehnungen in Form eines Polygonzugs (Bild 4.19). Basis ist eine vermessene und kalibrierte Maschinenachse. Es gilt dann:

$$\Delta L_{MT} = \sum_{i=1}^{n} \Delta L_{Mti}$$

wobei den Teildehnungen folgende Formel zugrundeliegt:

$$\Delta L_{Mti} = L_{Mt} \cdot \alpha_M \cdot (T_{Mi} - T_0) + \frac{1}{2} L_{Mt} \cdot \alpha_M \cdot (T_{Mi+1} - T_{Mi})$$

$$= L_{Mt} \cdot \alpha_M \cdot (\frac{1}{2} T_{Mi} + \frac{1}{2} T_{Mi+1} - T_0)$$

Temperaturverlauf über dem Maschinenmeßsystem

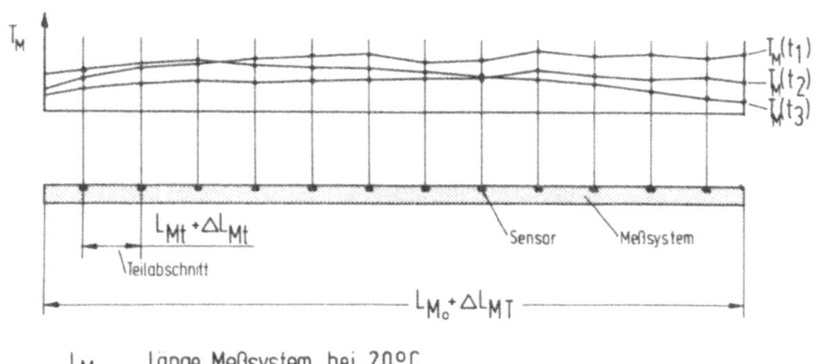

L_{M_0}... Länge Meßsystem bei 20°C
ΔL_{MT}... Dehnung des gesamten Meßsystems
L_{Mt} ... Länge Teilabschnitt
ΔL_{Mt}... Dehnung Teilabschnitt
T_M... Temperatur Meßsystem

Bild 4.19: Meßsystemunterteilung zur Dehnungsberechnung

Der erste Term der Gleichung beschreibt die Dehnung infolge der Differenz zwischen der Temperatur T_{Mi} an der jeweiligen Meßstelle und T_0. Der zweite Term berücksichtigt den Temperaturgradienten zwischen zwei Meßstellen M_i und M_{i+1}. Für die Berechnung der Korrekturwerte ist jedoch nur die Ermittlung der relativen Dehnungen zwischen Werkstück und Meßsystem notwendig und damit nur der Teilbetrag, der durch die Abmessung und Aufspannlage des Werkstücks - hier in Richtung der X-Achse - zustandekommt. Die Grenzpunkte werden dabei über MIM erzeugt.

Jeder Meßpunkt setzt sich nach Bild 4.20 aus einem Anfangsabschnitt L_{Ma}, aus Teilabschnitten L_{Mt} und aus einem Endabschnitt L_{Me} zusammen. Für den Temperaturverlauf zwischen Referenzpunkt und M1 gilt erfahrungsgemäß der gleiche Gradient wie zwischen M1 und M2. Damit ist mit $L_{Ma} = 1/2\ L_{Mt}$ die interpolierte Temperatur T_R des Referenzpunktes

$$T_R = T_{M1} - \frac{L_{Ma}}{L_{Mt}} \cdot (T_{M2} - T_{M1}) = 1\tfrac{1}{2}\ T_{M1} - \tfrac{1}{2}\ T_{M2}$$

Die abschnittsbezogenen Dehnungen lauten mithin :

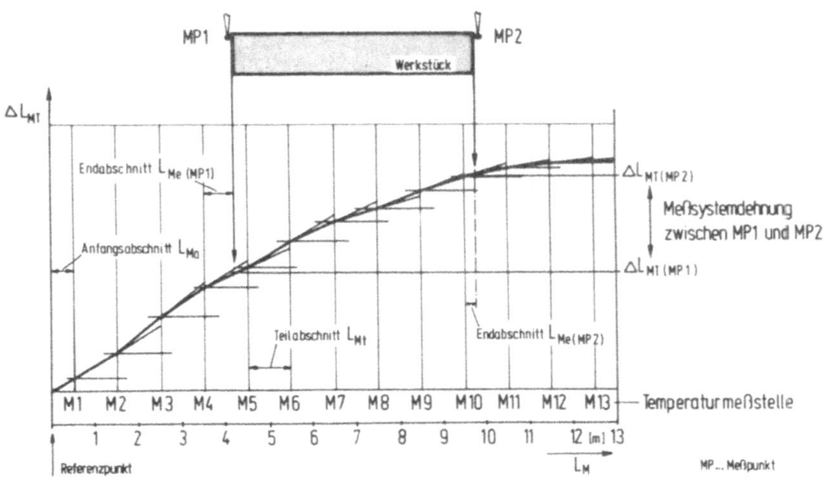

Bild 4.20: Dehnungsverhaltens zwischen Meßpunkt MP1 und MP2

- Dehnung im Anfangsabschnitt L_{Ma}

$$\Delta L_{Ma} = L_{Ma} \cdot \alpha_M \cdot (\tfrac{1}{2} T_R + \tfrac{1}{2} T_{M1} - T_o)$$
$$= \tfrac{1}{2} L_{Mt} \cdot \alpha_M \cdot (\tfrac{5}{4} T_{M1} - \tfrac{1}{4} T_{M2} - T_o)$$

- Dehnung in den Teilabschnitten L_{Mt}

$$\Delta L_{Mt} = \sum_{i=1}^{n} L_{Mt} \cdot \alpha_M \cdot (\tfrac{1}{2} T_{Mi} + \tfrac{1}{2} T_{Mi+1} - T_o)$$

- Dehnung im letzten Teilabschnitt L_{Me}

$$\Delta L_{Me} = L_{Me} \cdot \alpha_M \cdot (\tfrac{1}{2} T_{Mi} + \tfrac{1}{2} T_{Mi+1} - T_o)$$

Die Gesamtdehnung des Meßsystems vom Referenzpunkt bis zu einem Meßpunkt MPi ergibt sich hieraus zu

$$\Delta L_{MT(MP)} = \Delta L_{Ma} + \Delta L_{Mt} + \Delta L_{Me}$$

Aus der Differenz der partiellen Dehnungen für die Meßpunkte MP1 und MP2 folgt schließlich die Meßsystemdehnung ΔL_{MT} für den durch die Meßpunkte eingeschlossenen Teilbereich

$$\boldsymbol{\Delta L_{MT} = \Delta L_{MT(MP2)} - \Delta L_{MT(MP1)}} \qquad \textbf{(4.5)}$$

4.3.3 Berechnung der federelastischen Meßsystemdehnung

Bei vorgespannten Meßsystemen auf Basis von Metallbändern /41/ sind zusätzlich elastische Dehnungen zu berücksichtigen, die durch eine Veränderung der Vorspannkraft ausgelöst werden. Infolge der Temperaturschwankungen im Meßsystem und im Maschinenbett variiert die kalibrierte Vorspannung, was zu veränderten inkrementellen Schrittweiten und damit zu Positionierfehlern führt. Diese Auswirkungen sind im folgenden zu bestimmen.

4.3.3.1 Temperaturänderungen im Meßsystem

Die Vorspannung im Meßsystem wird über eine Feder aufgebracht. Unter der Annahme, daß keine Maschinenbettlängung (L_B = konst.) auftritt, kann entsprechend Bild 4.21 geschrieben werden:

$$L_B = L_{M(T_o)} + \Delta L_{MT(T)} + \Delta L_{MV(T)} + L_{F(T_o)} + \Delta L_{FT(T)} + \Delta L_{FV(T)} = \text{konst.} \quad (4.6)$$

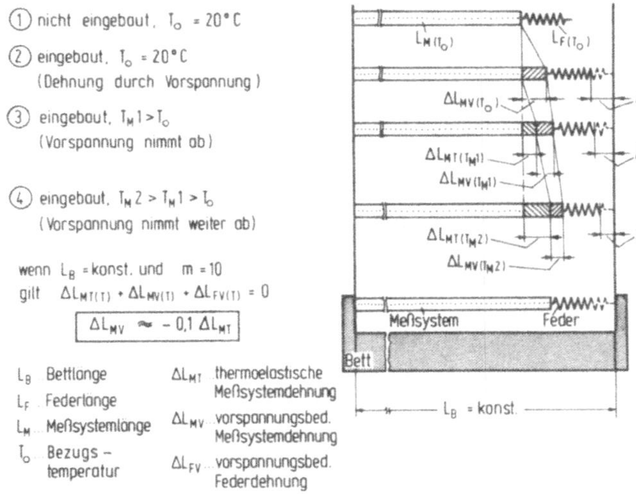

Bild 4.21: Federelastische Meßsystemdehnungen infolge variabler Meßsystem- und konstanter Maschinenbetttemperatur

Die Bettlänge L_B ist gleich der Summe aus der Meßsystem- und Federlänge sowie deren thermoelastische und vorspannungsbedingte Dehnungsanteile. Da $L_{M(T_o)}$ und $L_{F(T_o)}$ konstant sind, gilt bei Temperaturänderung von T_o auf T:

$$\Delta L_{MT(T-T_o)} + \Delta L_{MV(T-T_o)} + \underbrace{\Delta L_{FT(T-T_o)}}_{\to 0} + \Delta L_{FV(T-T_o)} = 0 \quad (4.7)$$

wobei der thermoelastische Federdehnungsanteil $\Delta L_{FT(T-To)}$ aufgrund der kleinen Federlänge ($L_F \approx 50$ mm) vernachlässigbar ist. Dieser Ausdruck zeigt weiter, daß der thermoelastische Dehnungsanteil des Meßsystems vollständig durch die vorspannungsbedingten Anteile ausgeglichen wird. In Bild 4.21 wird dies durch die Änderung der betreffenden Dehnungslängen in Richtung längerer ΔL_{MT} und kürzerer ΔL_{MV} und ΔL_{FV} verdeutlicht (gilt bei $T_M > T_o$). Da letztlich nur die Meßsystemanteile interessieren, gilt unter Verwendung von (4.2)

$$F = \Delta L_{FV} \cdot c_F = \Delta L_{MV} \cdot c_M = \text{konst.}$$

$$\Delta L_{FV} = \frac{c_M}{c_F} \cdot \Delta L_{MV} = m \cdot \Delta L_{MV} \qquad (4.8)$$

Folglich mit (4.7)

$$\mathbf{\Delta L_{MV(T-T_o)} = - \frac{1}{1 + m} \cdot \Delta L_{MT(T-T_o)}} \qquad \mathbf{(4.9)}$$

Daraus läßt sich folgendes ableiten:

1. Der Anteil ΔL_{MV} wird selbständig durch eine Dehnungsänderung im Meßsystem ausgeglichen und muß daher vom Prüfsystem berücksichtigt werden.
   Für einen in der Praxis verwendeten Wert m = 10 /41/ beläuft sich ΔL_{MV} auf ca. 10% von ΔL_{MT}.

2. Der Anteil ΔL_{FV} wirkt sich auf die inkrementelle Schrittweite des Meßsystems nicht aus.

4.3.3.2 Temperaturänderung im Maschinenbett

Bei vorgespannten Meßsystemen ist ein direkter Zusammenhang gegeben zwischen der Längenänderung des Bettes und der des Meßsystems. Da das Meßsystem fest in das Bett eingespannt ist, wird die Bettdehnung über die Feder auf das Meßsystem übertragen. Weil grundsätzlich gleiches Dehnungsverhalten zwischen Meßsystem und Maschine angestrebt wird, muß c_M wesentlich größer sein als c_F.

Für das Bett ist die Bezugstemperatur nicht T_o, sondern T_E, weil bei der Einrichtung der Maschine T_B nicht erfaßt und die Differenz zu T_o nicht kompensiert wird. Die Auswirkungen von ΔT_B zeigt Bild 4.22, wobei T_M = konst. ist und die Voraussetzungen aus Abschnitt 4.3.3.1 gelten. Damit ist:

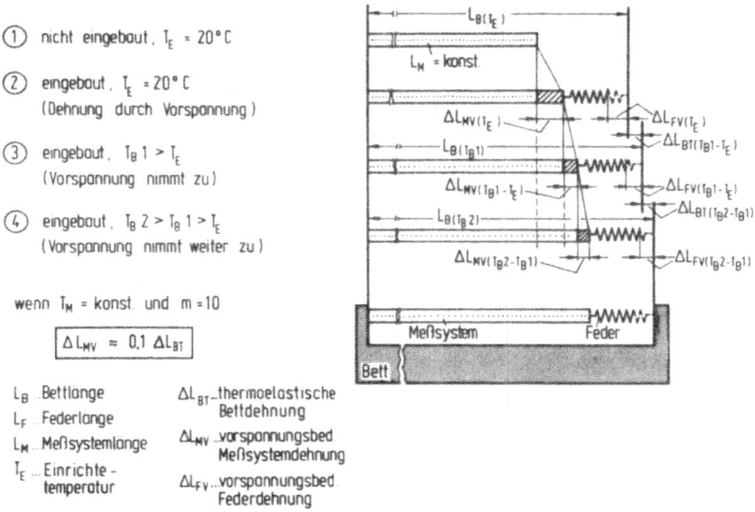

Bild 4.22: Federelastische Meßsystemdehnung infolge variabler Maschinenbett- und konstanter Meßsystemtemperatur

$$L_{B(T)} = L_{M(T_E)} + \Delta L_{MV(T)} + L_{F(T_E)} + \Delta L_{FV(T)} \neq \text{konst.} \qquad (4.11)$$

Betrachtet man nur die Änderungen, so gilt weiter:

$$\Delta L_{BT(T-T_E)} - \Delta L_{MV(T-T_E)} - \Delta L_{FV(T-T_E)} = 0$$

Mit (4.8) läßt sich dann schreiben:

$$\Delta L_{BT(T-T_E)} - (1 + m) \cdot \Delta L_{MV(T-T_E)} = 0$$

Gilt ferner für die Bettdehnung ΔL_{BT} bei einer mittleren Temperaturerhöhung von T_E auf T, so ist

$$\Delta L_{BT(T-T_E)} = L_B \cdot \alpha_B \cdot (T-T_E)$$

Es folgt schließlich die Gleichung zur Berechnung der elastischen Meßsystemdehnung

$$\Delta L_{MV(T-T_E)} = \frac{\Delta L_{BT(T-T_E)}}{1 + m} = \frac{L_B \cdot \alpha_B \cdot (T-T_E)}{1 + m} \qquad \mathbf{(4.12)}$$

Es gelten folgende Aussagen:

1. Der Anteil ΔL_{MV} muß durch das Prüfsystem kompensiert werden. Er beträgt bei m = 10 ca. 10% von ΔL_{BT}.
2. Der restliche Anteil von ΔL_{BT} nimmt die Feder auf (ΔL_{FV}) und ist damit ohne Bedeutung für das Meßsystem.

4.4 Berechnung der Korrekturdaten

Im folgenden müssen nun die Werkstück- und Meßsystemdehnungen nach Bild 4.23 zueinander in Beziehung gesetzt werden. Da die Istlänge über MIM erzeugt wird, muß die Dehnung des Meßsystems durch die Gleichungen (4.5) und (4.12) berichtigt werden. Die Korrekturformel für das Meßsystem zwischen den Meßpositionen MP1 und MP2 in der X-Achse lautet

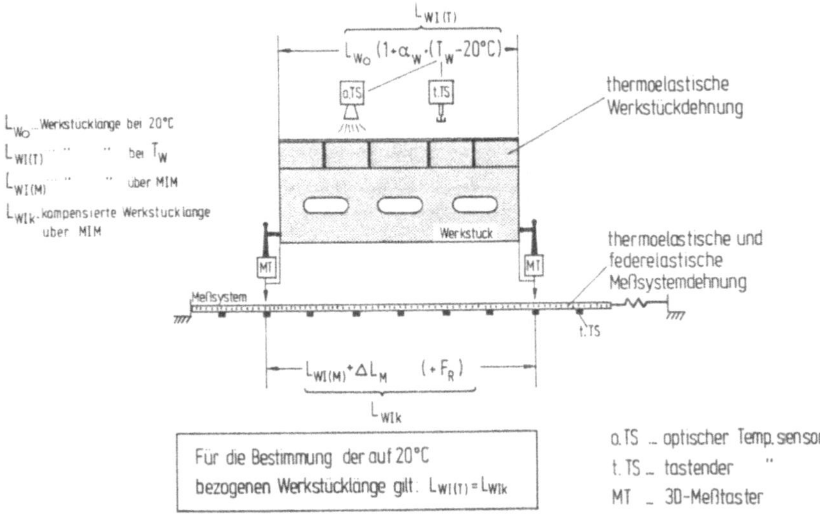

Bild 4.23: Korrekturwertberechnung

$$L_{WIk}=L_{WI(M)}+\underbrace{\frac{m}{1+m}\cdot\Delta L_{MT}+\frac{1}{1+m}\cdot\Delta L_{BT}}_{\Delta L_M}\quad(+\,F_R)\qquad(4.13)$$

Das über MIM erzeugte Maß ist um den thermoelastischen Anteil kürzer oder länger als wenn bei einer Meßsystemtemperatur $T_M = T_0$ gemessen würde, weil nur inkrementelle Zählimpulse zur Maßverköperung abgegriffen werden. Sind die systematischen Restfehler der Maschine bekannt, können die entsprechenden Werte F_R aus der Korrekturtabelle an dieser Stelle verrechnet werden.

Der Bezug zum tatsächlichen Werkstückmaß wird hergestellt über die Gleichungen (4.3) bzw. (4.4), und mit Bild 4.23 kann gesetzt werden:

$$L_{WI(T)} = L_{WIk} \qquad (4.14)$$

Das erfaßte Werkstückmaß läßt sich dann mit folgender Gleichung auf das Istmaß bei 20°C zurückrechnen. Für einfache wie komplexe Werkstücke gilt:

$$L_{Wo} = \frac{L_{WI(M)} + \Delta L_M - \quad (+ F_R)}{1 + \alpha_W \cdot (T_W - 20^0\ C)} \qquad (4.15)$$

Für komplexe Werkstücke gilt sinngemäß

$$L_{Wo} = L_{WI(M)} + \Delta L_M - \sum_{i=1}^{n} a_i \cdot \Delta T_{WiK} \quad (+ F_R) \qquad (4.16)$$

Für die Fertigbearbeitung nach dem Meßschnitt muß nun durch Vergleich mit der Werkstücksollänge L_{WS} der Korrekturwert für das noch bestehende Aufmaß berechnet werden. Es folgt mit (4.16) oder (4.17)

$$K = L_{WS} - L_{Wo} \qquad (4.17)$$

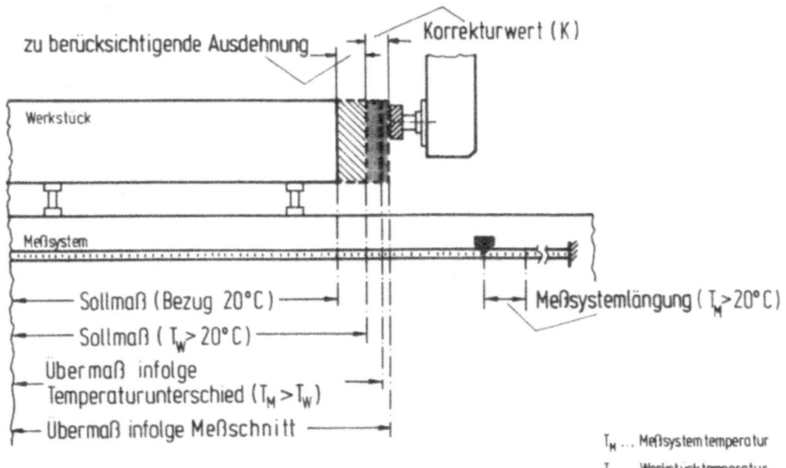

Bild 4.24: Thermisch bedingter Bearbeitungsfehler

Der Temperaturfehler ist für die Größe von K vernachlässigbar. Bild 4.24 verdeutlicht die Größe des zu korrigierenden Betrags und dessen Zustandekommen, wenn das Meßsystem gegenüber dem Werkstück stärker erwärmt ist.

4.5 Fehlerabschätzung und Bewertung der Verfahren

Die Berechnung der **Werkstückdehnung** gemäß Abschnitt 4.3.1 liefert ausreichend genaue Ergebnisse, die jedoch in ihrer Qualität vom Aufwand bei der experimentellen Untersuchung abhängen und damit auch teure Maschinenausfallzeiten verursachen. Abhilfe können hier entsprechende Berechnungsverfahren (z. B. Finite-Elemente-Methode) bringen, wobei die Ermittlung in einem Rechner simuliert und dadurch die Koeffizienten der Ausdehnungsfunktion (4.4) alleinig auf Basis von Konstruktionsdaten und Temperaturmessungen an gleichen Teilen ermittelt werden. Die Vertiefung dieses Verfahrens ist wegen der Komplexität hier nicht möglich.

Die Auswirkungen der Wärme- und Kältestrahlung auf **Meßsystem** und Maschinenbett oder andere Maschinenteile, in die das Meßsystem eingespannt ist (z. B. Querbalken bei Karusselldrehmaschinen), lassen sich mit dem in Gleichung (4.13) wiedergegebenen Zusammenhang darstellen.

Der Einfluß von ΔL_{BT} ist abhängig von den Temperaturschwankungen im Maschinenbett. Da das Bett bei großen Maschinen im Erdreich eingelassen ist, konnten in Untersuchungen nur Abweichungen von $\pm$ 0,5 ^{o}C festgestellt werden. Maßgeblichen Anteil hat die große Bettmasse und die nahezu konstante Temperatur des Erdreichs. Nach Gleichung (4.12) resultieren daraus aber trotzdem $\pm$ 5 µm Fehler (L_W = 10 m). Unter dem Gesichtspunkt der Minimierung der Meßfehler sollte daher die Bettemperatur an einer signifikanten Stelle erfaßt werden.

Ein Vergleich zwischen Berechnung nach Gleichung (4.13) und Laser-Interferometer-Vermessung zeigt in Bild 4.25 den Verlauf der axialen Maschinenverlagerung. Es liegt für wiederholte Versuche eine gute Reproduzierbarkeit vor. Die Abweichung liegt in einer Bandbreite von typisch ± 10 µm.

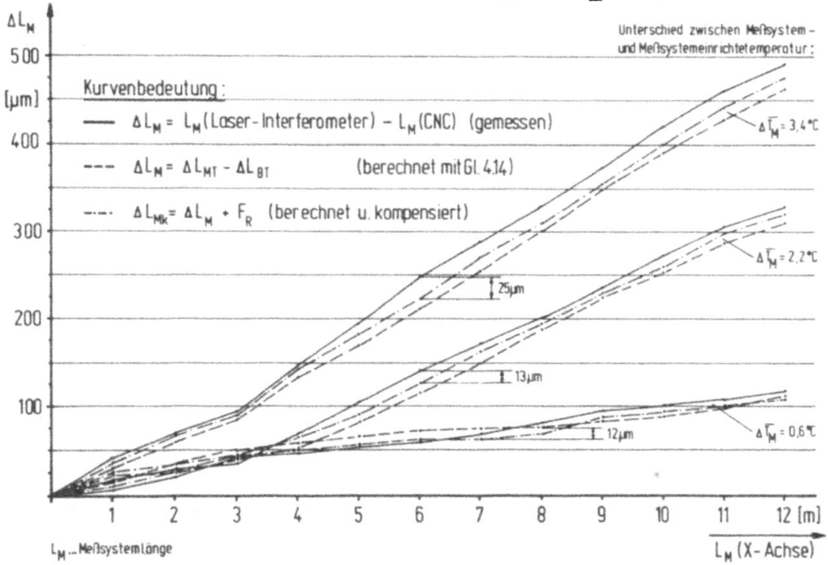

Bild 4.25: Gemessener und berechneter Verlagerungsverlauf

Die Maschinenerwärmungsphase ist gekennzeichnet durch eine deutlich stärkere zeitliche Veränderung des Temperaturprofils über dem Meßsystem infolge lokaler Wärmeeinstrahlung durch Antriebe. Durch die Verteilung von Meßstellen im Abstand von 1 m ist jedoch eine ausreichende Erfassungsmöglichkeit gegeben.

Den größten Einfluß auf die erreichbare Genauigkeit des Kompensationsverfahrens geht jedoch von der Güte der gemessenen Temperatur aus. Damit sind hohe Anforderungen gestellt an die Zustandsaufnahme während der Maschineneinrichtephase (Temperaturprofil über dem Meßsystem und zugeordnete Restfehler), wobei diese vorzugsweise nach einem eintägigen Maschinenstillstand infolge ausgeglichener Temperaturverläufe durchzuführen ist. Dann ergibt sich der Grad der Annäherung zwischen gemessener und berechneter Maschinenposition wie in Bild 4.25 dargestellt. Temperatur- und elastizitätsbedingte Meßsystemdehnungen haben auf den Betrag von F_R nach Bild 3.4 lediglich vernachlässigbaren Einfluß, weil sich die Positionsabweichung nur stetig ändert. F_R ist vielmehr eine Funktion der mechanischen Einflußgrößen (z. B. Geradheitsfehler der Führungsbahn, Kippmomente u. a.) an jeder Meßposition der Achse.

5 Integration der Kompensationsmethodik in einen prozeßnahen Qualitätsregelkreis

Nachdem bisher die Grundlagen für die Erfassung von Temperaturdaten an Werkstück und Maschine, für die Interpretation der Meßstellen im Hinblick auf das Ausdehnungsverhalten dargestellt und Algorithmen für die Kompensation thermisch bedingter Bearbeitungsfehler hergeleitet wurden, muß nun in einem nächsten Schritt die Integration der entwickelten Methodik in einen prozeßnahen Qualitätsregelkreis folgen. Grundlage für die folgenden Betrachtungen ist der in Bild 5.1 skizzierte Qualitätsregelkreis.

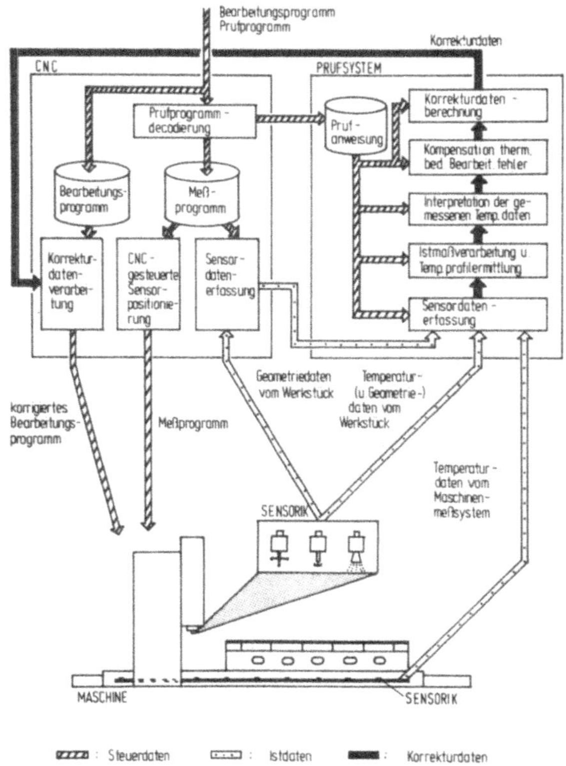

Bild 5.1: Struktur des prozeßnahen Qualitätsregelkreises

Die Konzeption des Qualitätsregelkreises orientiert sich an einer automatischen Sensordatenerfassung voraus. Da aber die maschinenspezifischen Gegebenheiten dies oft nicht zulassen, und der Regelkreis vor allem auch bei älteren Maschinen nachrüstbar sein soll, müssen für die Sensordatenerfassung nachstehende Funktionen bereitgestellt werden:

- maschinengestützte Erzeugung von Werkstückmeßpunkten mittels 3D-Meßtaster durch die CNC; Übertragung der Koordinatenwerte an das angekoppelte Prüfsystem;
- maschinengestütztes Antasten durch die CNC; Erzeugen des Meßpunkts durch das Prüfsystem (für CNC ohne MIM-Option);
- maschinengestütztes Anfahren von Temperaturmeßstellen am Werkstück durch die CNC; Übernehmen der Temperaturdaten durch das Prüfsystem;
- manuelles Aufnehmen von Temperaturmeßstellen durch Prüfer; Übernehmen der Temperaturdaten durch das Prüfsystem.

Die gestellten Anforderungen setzen einen durchgängigen Informationsaustausch voraus, der nur sichergestellt werden kann, wenn bestehende Schnittstellen der Regelkreiskomponenten konsequent genutzt bzw. nicht vorhandene Schnittstellen nachgerüstet werden.

Die Entwicklung und Realisierung eines für die Kompensation thermisch bedingter Bearbeitungsfehler konzipierten prozeßnahen Qualitätsregelkreises setzt somit die Lösung folgender Problemschwerpunkte voraus:
- Schnittstellen zwischen Prüfsystem, Sensorik und CNC;
- Ankopplung des Prüfsystems an die CNC;
- flexibel anpaßbare Hardware- und Softwarestruktur für das Prüfsystem;
- Kompensationsverfahren für unterschiedliche Automatisierungsstufen und Werkstückbauformen.

5.1 Steuerdaten und Informationsfluß im prozeßnahen Qualitätsregelkreis

Grundlage ist die Festlegung des Informationsflusses und der Steuerdaten, die zwischen den Komponenten transferiert werden.

5.1.1 Steuerdaten

Hier verwendete Steuerdaten sind:
- Prüfprogramm (CNC-Steuerdaten, Prüfanweisungen, Synchronisationsanweisungen);
- Sensordaten;
- Korrekturdaten:

Prüfprogramm
Die Eingangsdaten, was, wie und womit zu prüfen ist, werden in einem Prüfprogramm mit folgender Struktur bereitgestellt:
- **CNC-Steuerdaten** für die maschinengestützte Erfassung von
  - -- Geometriemeßpunkten mit dem Meßtaster;
  - -- Temperaturmeßwerten mit dem Temperatursensor.

  Die CNC-Steuerung führt in Verbindung mit der Bearbeitungsmaschine die maschinengestützte Geometrie- bzw. Temperaturdatenerfassung durch. Sie übernimmt Aufgaben der Positionierung des Meßtasters sowie des Temperaturfühlers und leistet unterstützende Dienste, wie das Überwachen des Meßzyklus. In Ergänzung bestehender Maschinenzyklen können frei verfügbare Wegbedingungen zur vereinfachten Programmierung des Meßvorgangs belegt werden, beispielsweise:
  G81 ... Antasten mit Rückkehr zum Ausgangspunkt;
  G82 ... Antast-Zeit-Überwachung;
  G83 ... Antast-Weg-Überwachung.

- **Prüfanweisungen** für das Prüfsystem (Meßaufgaben, Sollwerte, Toleranzen, Auswerteaufgaben), deren Klassifizierung

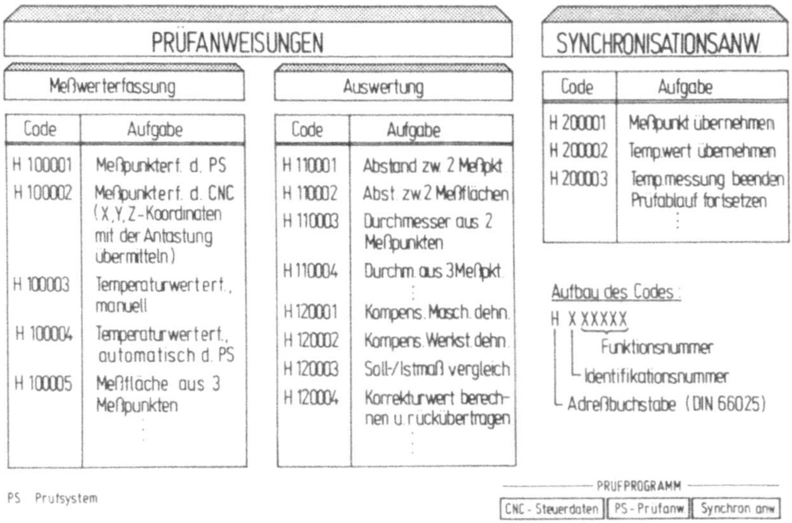

Bild 5.2: Zusätzlich zu integrierender Prüfcode

im wesentlichen auf /26, 30/ zurückgeht. Der Unterschied besteht darin, daß die einzelnen Anweisungen verschlüsselt und mit dem Adreßbuchstaben ´H´ gekennzeichnet werden, wie dies Bild 5.2 zeigt.

Durch die strikte Anlehnung an DIN 66025 wird gewährleistet, daß die Prüfanweisungen an jeder Stelle in die CNC-Steuerdaten integrierbar sind. Dadurch können Prüfsystem und CNC laufend im Prüffortschritt neu synchronisiert werden, um beispielsweise im Falle einer Fehlantastung reagieren zu können. Zusätzlich wird die Transparenz des Prüfprogramms erhöht. Steht der Adreßbuchstabe ´H´ nicht zur Verfügung, kann ebenso auf einen anderen, freien zurückgegriffen werden (z. B. ´M´).

- **Synchronisationsanweisungen** für folgerichtiges Messen sowie für die Korrekturdatenrückführung zwischen Prüfsystem und CNC. Sie haben die Aufgabe, den Bewegungs- und

Erfassungsablauf zu koordinieren, wenn beide Komponenten bei der Sensordatenerfassung beteiligt sind (z. B. maschinengestützte Temperaturmessung mit CNC-gesteuerter Antastbewegung und Meßwertgenerierung durch Prüfsystem). Den Anweisungscode stellt wiederum der Adreßbuchstabe ´H´ mit einer Funktionsnummer dar (Bild 5.2).

Eine Möglichkeit der Integration der für den Prüfvorgang zusätzlich erforderlichen Anweisungen in die CNC-Steuerdaten zeigt Bild 5.3.

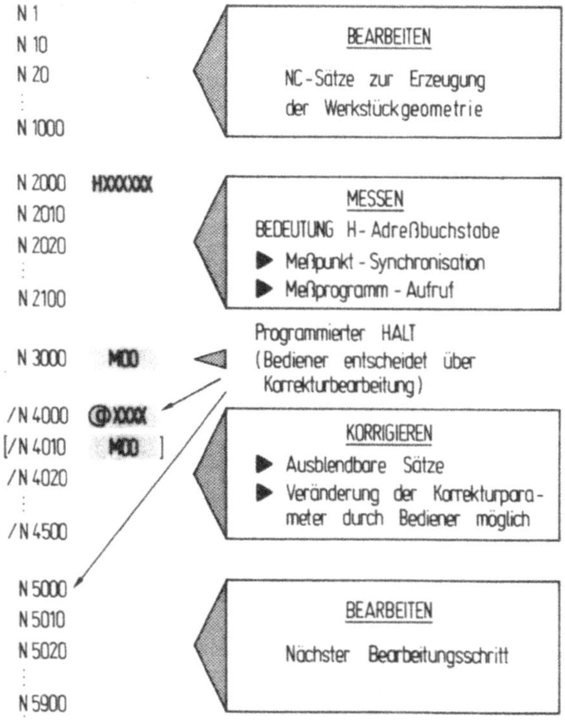

Bild 5.3: CNC-Steuerdaten mit integriertem Prüfcode

Sensordaten

Hierunter sind die Koordinaten der angetasteten Werkstückmeßpunkte (Geometriedaten) zu verstehen, unabhängig davon, ob diese über die CNC oder das Prüfsystem generiert werden. Dieser übergeordnete Begriff schließt auch Temperaturwerte ein, die ausschließlich vom Prüfsystem entgegengenommen werden.

Korrekturdaten

Sie werden durch das Prüfsystem geliefert. Die **technischen** Korrekturdaten quantifizieren das Korrekturmaß, mit dem die Fertigung nachgeregelt werden muß, um trotz einwirkender Temperatureinflüsse montagegerecht fertigen zu können. Sie sind z. B. als additive Nullpunktverschiebung in der CNC zu verrechnen. Die **organisatorischen** Korrekturdaten zeigen an, welche Maßnahmen ergriffen werden müssen, um die entsprechende Korrektur durchführen zu können (z. B. alternatives NC-Programm aufrufen).

Um die Kommunikation zwischen den beteiligten Komponenten des Regelkreises zu steuern, sind ferner Meldungen zur Initialisierung, Zustandsabfrage und -übermittlung sowie Fehleranzeige vorhanden.

5.1.2 Informationsfluß und Aufgabenteilung

Der Informationsfluß im Qualitätsregelkreis ist gekennzeichnet durch die Aufgabenteilung zwischen den Komponenten und dem damit verbundenen erforderlichen Datenaustausch. Für den zu entwickelnden Regelkreis ist die Darstellung nach Bild 5.1 maßgebend. Die Aufgabenteilung vor dem Hintergrund der Prüfablaufphasen zeigt Bild 5.4.

In der **Vorbereitungsphase** werden von zentraler Stelle (z. B. übergeordneter Qualitätsregelkreis, Programmiersystem etc.) Bearbeitungs- und Prüfprogramm bereitgestellt. Nach-

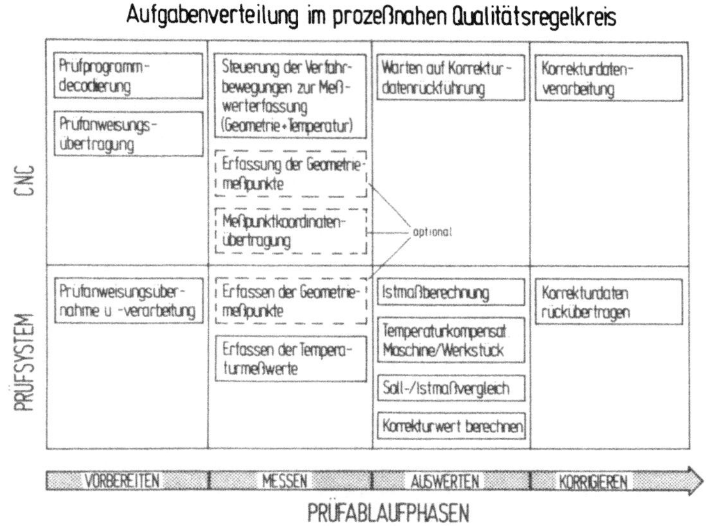

Bild 5.4: Aufgabenteilung im Qualitätsregelkreis

dem die CNC die Prüfanweisungen decodiert, gesplittet und vor oder während des Prüfvorgangs an das Prüfsystem übertragen hat, kann die Meßphase gestartet werden.

Während der **Meßphase** initiiert die CNC die Antastbewegung für die Geometriedatenerfassung gemäß Meßprogramm und überträgt die Meßpunktkoordinaten an das Prüfsystem. Bei älteren CNC ohne MIM-Option werden die Meßpunktkoordinaten direkt durch das Prüfsystem aufgenommen. Mit den Temperaturdaten geschieht insofern gleiches, da, wenn automatische Erfassung programmiert ist, das Anfahren der Meßposition ebenfalls von der CNC erledigt wird. Die Temperaturdatenerfassung läuft, wie bereits erwähnt, ausschließlich über das Prüfsystem ab.

Die **Auswertephase** ist gekennzeichnet durch die prüfsysteminterne Meßdatenverarbeitung, wobei diese durch die Prüfanweisungen gesteuert wird. Ein komponentenübergreifender

Informationsaustausch ist hierbei nicht erforderlich.

In der **Korrekturphase** werden die vom Prüfsystem ermittelten Korrekturdaten an die CNC rückübertragen, wo sie daraufhin interpretiert bzw. im einfachsten Fall additiv verarbeitet werden. Das Ergebnis sind entsprechend modifizierte Programmabläufe (z. B. Sprünge) oder Korrekturspeicher, mit denen das Werkstück montagegerecht gefertigt werden kann.

Im Hinblick auf die Forderungen nach einem durchgängigen Informationsfluß kommt den Schnittstellen zwischen den Komponenten besondere Bedeutung zu. Im folgenden werden diese dargelegt und Realisierungsvorschläge entwickelt.

5.2 Schnittstellen im prozeßnahen Qualitätsregelkreis

Laut Anforderung aus Abschnitt 3 ist es Aufgabe, vorhandene Schnittstellen der Komponenten in das Systemkonzept mit einzubeziehen. Ihre Verfügbarkeit ist aber oft das zentrale Problem, so daß u. U. diese durch käufliche oder selbst zu entwickelnde Hard- und Softwaremoduln nachzurüsten sind.

Da das Prüfsystem als Bindeglied zwischen Sensorik und CNC nach Bild 5.1 arbeitet, obliegt ihm die Aufgabe, sich an die vorhandenen physikalischen und übertragungstechnischen Schnittstellenspezifikationen anzupassen (Nachrüstbarkeit). Die für den hier betrachteten Anwendungsbereich wichtigen Schnittstellen S1 bis S8 sollen näher betrachtet werden. Bild 5.5 zeigt schematisch diese Schnittstellen /42, 43/.

5.2.1 Schnittstelle Prüfsystem-Sensorik

Im einzelnen sind dies die Schnittstellen zur Erfassung der

- Temperaturdaten S2;

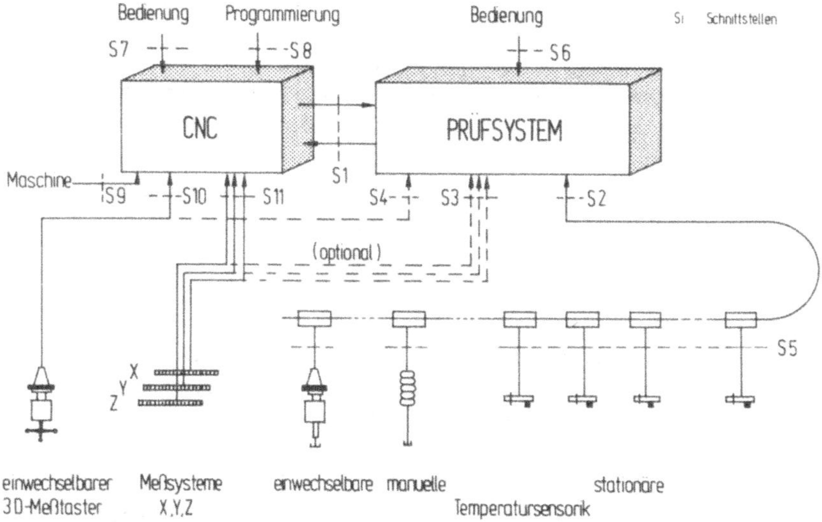

Bild 5.5: Schnittstellenstruktur im prozeßnahen Qualitätsregelkreis

- Geometriedaten
  -- Maschinenpositionsdaten in X, Y, Z S3 und des
  -- Meßtastereingriffssignals S4

S3 und S4 sind optional, um bei CNC ohne MIM-Option dennoch maschinengestützte Geometriedatenerfassung realisieren zu können (gestrichelte Linie in Bild 5.5).

Temperaturdaten
Hierbei handelt es sich um zeitunkritische Sensordaten. Das heißt, sie können mittels üblicher Multiplextechniken erfaßt werden. Nach den in Bild 5.6 skizzierten topologischen Varianten sind dies:
- die Sternstruktur; sie erfordert bei einer großen Sensoranzahl bei Großbearbeitungsmaschinen einen hohen Verkabelungsaufaufwand und ist überdies unflexibel für Erweiterungen;
- die Busstruktur; sie bietet dagegen mehrere Vorteile, wie

ein gemeinsames Übertragungsmedium, eine problemlose Erweiterungsfähigkeit ohne Hard- und Softwareänderungen und eine einfache Übertragungstechnik.

Datentyp	Topologie	physikalisches Übertragungsmedium	Übertragungstechnik	Information
Temperaturdaten (Schnittstelle S2)	Sternstruktur: PS – TS TS TS TS TS; Busstruktur: PS – TS TS TS TS	seriell/parallel; differentielle 2/n-Leiter-Übertragung; 5 V-Pegel	EIA-RS 485 EIA-RS 422; Frequenzübertragung	Dezimalwert BCD-Wert Meßwert=Zählimpulse pro Meßintervall
Maschinenposition (Schnittstelle S3)	Punkt-zu-Punkt-Struktur: PS – X- Y- Z- Meßsystem	seriell; differentielle 2-Leiter-Übertragung 5 V-Pegel	Null/Eins-übergang	Positionsinkremente z.B.: 1 Inkrement ≙ 1 µm Verfahrweg
Meßtastereingriffssignal (Schnittstelle S4)	PS – MT	1-Leiter-Übertragung; 5V / 24 V-Pegel	Null/Eins-übergang	Schaltimpuls bei Tasterberührung mit der Werkstückoberfläche

MT ... Meßtaster TS ... Temperatursensor PS ... Prüfsystem

Bild 5.6: Schnittstellentypen zwischen Prüfsystem und Sensorik

Für die Temperaturerfassung stellt daher der Sensordatenbus die transparenteste und sogleich wirtschaftlichste Lösung dar. Voraussetzung bleibt allerdings, daß standardisierte Modelle zugrunde gelegt werden.

Für die **physikalische Datenübertragung** eignet sich in erster Linie ein serieller Datenbus, der sich im Vergleich zum parallelen durch höhere Übertragungssicherheit auszeichnet. Basis für diesen Anwendungsfall ist die Norm EIA-RS 485/422, die sich, wie untersucht wurde, als die geeignetste darstellt.

In der **Übertragungstechnik** zwischen S2 und S5 ist in Anlehnung an das ISO/OSI-Referenzmodell /17, 32/ zur Datenübertragung in Bussystemen der blockweise Transfer nach Bild 5.7 zu realisieren. Jede Übertragung wird durch eine Fehlersicherung (Prüfcode und Blockzählnummer) geprüft.

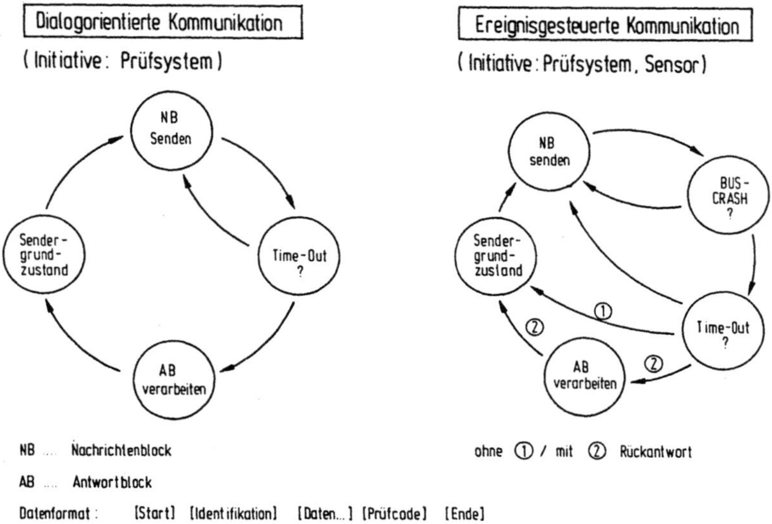

Bild 5.7: Dialogorientierter und ereignisgesteuerter Informationsfluß

Die Protokollstruktur unterscheidet drei informationstechnische Blöcke mit prinzipiell identischem Aufbau:

- <u>Nachrichtenblock (NB)</u>; er beinhaltet Nachrichten, Anfragen oder Tätigkeitsaufforderungen
  [Start] [Kennung NB] [Nachricht] [Prüfcode] [Ende]
- <u>Quittierungsblock (QB)</u>; er quittiert den ordnungsgemäßen/fehlerhaften Empfang des NB oder AB
  [Start] [Kennung QB] [Quittierung] [Prüfcode] [Ende]
- <u>Antwortblock (AB)</u>; er enthält die Antwort auf Anforderung vom NB oder Daten
  [Start] [Kennung AB] [Antwort] [Prüfcode] [Ende] .

Bei der **dialogorientierten** Kommunikation sendet der Empfän-

ger bei korrekter Übermittlung des NB - angezeigt durch QB - den AB. Im Störungsfall wird die Prozedur wiederholt. Ab einer bestimmten Anzahl installierter Sensoren wird allerdings der **ereignisgesteuerte** Datentransfer vorteilhafter, zumal dann eine Entlastung des Prüfsystems durch den Wegfall der ständigen Sensorabfrage eintritt. Hierzu müssen zusätzliche Funktionen installiert werden, die
- den Buszugriff steuern und überwachen;
- die Buskollision erkennen und den Transfer wiederholen.

Die Realisierung der Übertragung setzt **Schnittstellen** voraus. Während für das Prüfsystem (S2) die Schnittstellenproblematik durch den Einsatz markterhältlicher Hardwarekomponenten gelöst ist, muß diese für die Sensorik (S5) z. Z. noch überwiegend bereitgestellt werden. Dies geschieht in Form von dezentralen Sensormoduln, die als Bindeglied zwischen Sensorik und Datenbus eingesetzt werden.

Beim Einsatz von Temperatur-IC, wie in Abschnitt 4.1.2 aufgezeigt, liefert dieser Modul Vorverarbeitungsfunktionen, um die analogen Meßdaten zu digitalisieren und mit definiertem Schnittstellenprotokoll über den Sensordatenbus zum örtlich getrennten Prüfsystem zu senden. Die Forderung nach einer anpaßbaren Sensorschnittstelle wird mit dem in Bild 5.8 dargestellten Modul damit für die im Qualitätsregelkreis eingesetzte IC-Temperatursensorik erfüllt. Gleichzeitig können mit den getroffenen Vereinbarungen sensorunabhängig Temperaturdaten zwischen Sensorik und Prüfsystem über einen Sensordatenbus transferiert werden.

Geometriedaten

Für den Fall, daß die Istmaßerfassung am Werkstück über das Prüfsystem zu ermitteln ist, sind Schnittstellen zum Meßtaster (S4) und den Maschinenmeßsystemen (S3) bereitzustellen, um im Augenblick der Taster/Werkstückberührung die aktuelle Maschinenposition in den drei Achsen als Meßpunktkoordinaten abzuspeichern.

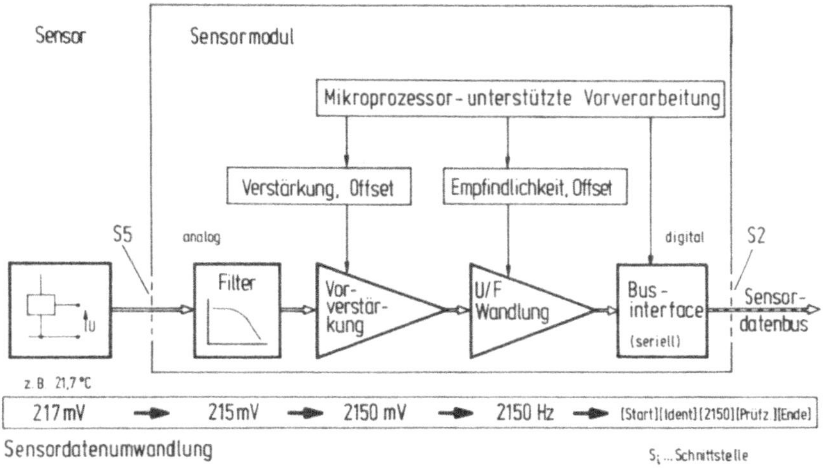

Bild 5.8: Vorverarbeitungsfunktion am Beispiel der Temperatursensorik

Im Gegensatz zur oben beschriebenen Temperatursensorik sind Tasterschaltsignal und die inkrementellen Maschinenpositionswerte nicht busfähig, weil die normalen Buszugriffs- und nachfolgenden softwaremäßigen Interpretationszeiten bei weitem nicht ausreichen, um die notwendigen Erfassungszeiten zu gewährleisten. Deshalb sind jeweils eigene Schnittstellen notwendig, wobei nach Bild 5.6 die funktionsbezogene Punkt-zu-Punkt-Verbindung zum Einsatz kommen muß. Ihre genaue Spezifikation wurde bereits in /30/ geliefert.

5.2.2 Schnittstelle Prüfsystem-CNC

Die Kopplung zwischen der CNC und dem Prüfsystem erfordert die Definition einer universellen bidirektionalen Schnittstelle S1 für den Transfer der Steuer-, Geometrie-, und Korrekturdaten. Beidseitig ist daher ein Kommunikationsmodul zu entwickeln. Als physikalisches Übertragungsmedium stehen prinzipiell nach Bild 5.9 zur Verfügung:

- eine serielle Punkt-zu-Punkt-Verbindung;
- eine Kopplung über den CNC/SPS-Rechnerbus.

Eine **serielle Ankopplungsmöglichkeit** steht bei der CNC überwiegend zur Verfügung. Die Spezifikation ist entsprechend EIA-RS 232C, 20 mA oder EIA-RS 485/422 ausgeführt.

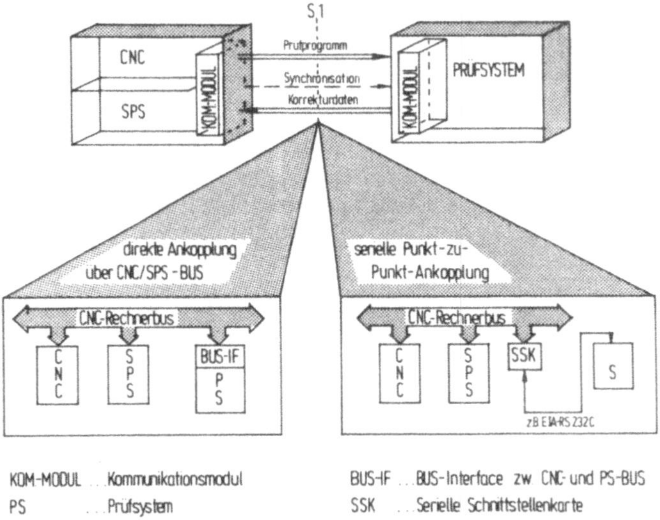

Bild 5.9: Schnittstelle S1 zwischen Prüfsystem und CNC

Da die Kommunikation mit der CNC über die SPS erfolgt, ist in der Regel hardwareseitig das Problem durch Hinzustecken einer Schnittstellenkarte (SSK) zu lösen (Bild 5.9). Gleiches gilt für das Prüfsystem. Für die Bereitstellung der genannten Steuerdaten ist allerdings in jedem Fall ein Funktionsmodul in das SPS-Systemprogramm zu integrieren, das diese Daten von der CNC in Empfang nimmt bzw. an sie rückführt und den Datentransfer mit dem Prüfsystem abwikkelt. Dieses Programm kann bei neueren CNC problemlos hinzugefügt werden. Die Übertragungstechnik ist identisch zu der zwischen S2 und S5.

Weitergehende Integrationsmöglichkeiten bietet die Kopplung über den **CNC-Rechnerbus** nach Bild 5.9. Zu unterscheiden sind folgende Bussysteme:

- CNC-unabhängige Bussysteme auf Basis Multibus, VME-Bus etc.; die offengelegten Schnittstellen bedeuten einfach realisierbare Ankopplung des Prüfsystems;
- genormte CNC-Bussysteme, wie MPST-Bus; infolge des genormten Datenverkehrs (DIN 66264) ist der Zugriff auf CNC-interne Speicher und Parameter gegeben, wodurch die Ankopplung ohne Eingriffe in das CNC/SPS-Systemprogramm erfolgen kann /44/;
- herstellerspezifische Bussysteme, wie SIEMENS-S5-Bus; Ankopplung hängt von der Offenlegung der Busstruktur ab.

Die direkte CNC-Rechnerbusankopplung erfordert seitens des Prüfsystems ein Businterface mit folgenden Funktionen:
- physikalische Ankopplung an den CNC-Rechnerbus;
- Nachbildung des Zugriffsverfahrens;
- Transformation der Daten in jeweiliges Format.

Die Übertragungstechnik kann bei der Rechnerbuskopplung über direkte Speicher-zu-Speicher-Zugriffe erfolgen. Alternativ ist der blockweise Transfer wie bei Schnittstelle S2/S5 möglich.

5.2.3 Schnittstellen zur Bedienung und Programmierung

Hierzu sind die Schnittstellen S6 am Prüfsystem und S7/S8 an der CNC vorgesehen. Über S6 als übliche, serielle Bedienterminalschnittstelle (EIA-RS 232C) erfolgt
- Installation und Parametrisierung des Prüfsystems bei der Neuinbetriebnahme;

- Protokollierung der erfaßten Temperatur-, Geometrie- und Korrekturdaten;
- Bedienung im Prüfbetrieb;
- Erstellung von Prüfanweisungen (optional zu der Eingabe über S1).

S7 und S8 finden an dieser Stelle nur insofern Verwendung, als S8 als DNC-Schnittstelle in der CNC für die Übertragung von Bearbeitungs- und Prüfprogramm - somit für die Bereitstellung der Eingangssteuerdaten - dient. S7 kann zur Protokollierung der Prüfsystemdaten verwendet werden.

5.3 Flexible Hard- und Softwarestruktur für das Prüfsystem

Große Systemflexibilität, geringe Systemaufbauzeit und -kosten erzwingen ein modulares Prüfsystem.

5.3.1 Hardware

Die Ankopplung der Prüfsystemhardware an gängige CNC-Typen erfordert einen zugeschnittenen Mikrorechner auf Basis von
- Fremdhardware oder
- Systemhardware des CNC/SPS-Herstellers.

Trifft man die Entscheidung unter den Gesichtspunkten
- Leistungsfähigkeit;
- Schnittstellenangebot;
- Verfügbarkeit höherer Programmiersprachen;
- generelle Verwendbarkeit ein und derselben Hardware für unterschiedliche Anwendungsfälle;
- Nachrüstbarkeit,

so kommt der Fremdhardware eine höhere Präferenz zu. Ferner kann durch eine Baukastenkonzeption die Flexibilität so gesteigert werden, daß die Ankopplungsprobleme zur CNC und zur Sensorik weitgehend lösbar sind. Grundlage für das modulare Prüfsystem ist ein Basisrechner nach Bild 5.10, der um steck- und austauschbare Schnittstellenmoduln bedarfsgerecht ergänzt wird (konfigurierbares Baukastenprinzip). Für den vorliegenden Qualitätsregelkreis sind die abgebildeten Moduln erforderlich, die über ein einheitliches Bus-Interface mit dem Rechner zusammensteckbar sind.

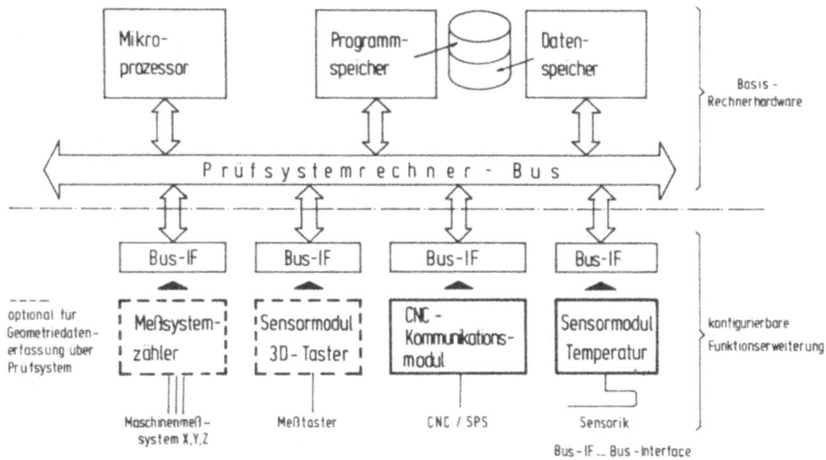

Bild 5.10: Modulare Rechnerhardware für das Prüfsystem

5.3.2 Software

Die Software gliedert sich in drei übergeordnete Funktionsbereiche, die auf der äußeren Schale der in Bild 5.11 gezeigten Struktur liegen. Betriebssystem und Schnittstellentreiber bilden die Systemumgebung für die anwendungsspezifische Software. Entsprechend den Konfigurationsmöglichkeiten der Hardware müssen parametrisierbare Treiber für die beschriebenen Schnittstellen des Prüfsystems bereitgestellt werden. Darüber hinaus wird die zentrale Prüfdatenhaltung und deren Pflege durchgeführt.

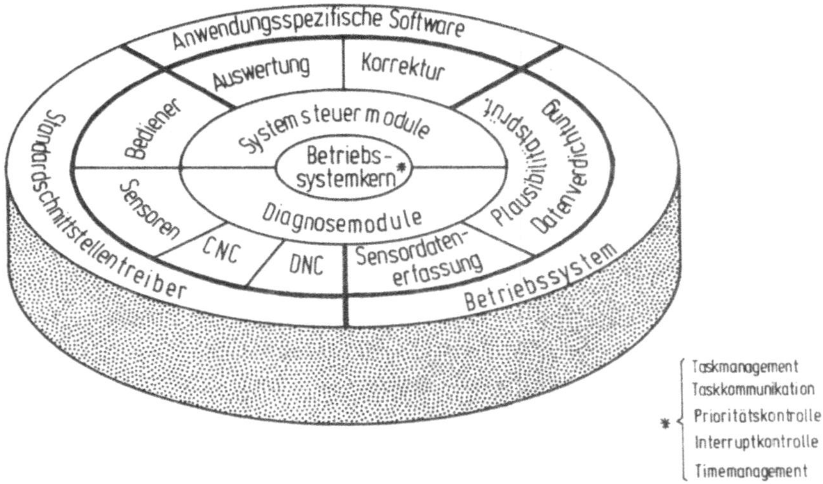

Bild 5.11: Softwarestruktur des Prüfsystems

Eine Funktion des Betriebssystems ist auch die Sensordatenerfassung, um die Applikation von dieser routinemäßigen Arbeit zu befreien. Da die Geometriedatenerfassung hinreichend bekannt ist /26, 30/, sollen an dieser Stelle nur die notwendigen verfahrensabhängigen Funktionen zur Temperaturbestimmung aufgezeigt werden.

5.3.2.1 Temperaturdatenerfassung

Die Erfassung der Temperatur auf Basis kontinuierlich zur Verfügung stehender Sensordaten ist realisierbar beim

- **Maschinenmeßsystem** mit fest installierten Sensoren;
- **zwischengelagerten Werkstück**, wo die einzelnen Sensoren z. B. über Magnethalter gemäß Prüfplan an den entsprechenden Meßstellen befestigt sind.

Nachdem Langzeitmessungen zur Erhöhung der Transparenz des Dehnungsverhaltens vorzunehmen sind, werden in periodischen Meßintervallen Temperaturdaten abgerufen. Diese

Funktion übernimmt ein Modul, der im Hintergrund abläuft und das Anwenderprogramm mit Daten versorgt. Erzielt wird dadurch ein laufend aktuelles Abbild des Temperaturzustandes von Werkstück und Maschine. Über die dem Funktionsblock zur Verfügung gestellte Tabelle legt der Prüfer die Abbildung der Temperatursensorik auf die vorhandenen Schnittstellen und Ansprechnamen fest. Damit kann die Zuordnung einfach geändert oder erweitert werden.

Durch die Trennung von Erfassungsfunktion und Applikation wird ferner erreicht, daß alle Erfassungsabläufe nicht programmiert, sondern formalisiert in einer für den Anwender verständlichen Form in einer Datei abgelegt sind.

Die programmtechnische Verarbeitung der Sensortabelle sowie die Vorgehensweise zu ihrer sicheren Erfassung zeigt der Ablaufplan in Bild 5.12.

Zur weiteren Aufgabe gehört auch die Bereitstellung auf Plausibilität geprüfter Daten. Treten logisch nicht erklärbare Veränderungen auf, sind diese dem Prüfer optisch und akustisch anzuzeigen. Plausibilität in diesem Zusammenhang ist gegeben, wenn

- die Differenztemperatur zwischen aktuellem und letztem Meßwert nicht größer als 0,5°C bezogen auf ein Meßintervall von 1 Minute ist; andernfalls ist dies durch weitere Meßwerte zu bestätigen, bevor der Wert übernommen wird;
- beim unzugänglichen Meßsystem mit jeweils zwei Sensoren pro Meßstelle die Meßwerte maximal 0,2°C voneinander abweichen.

Bei dem aufgespannten bzw. sich **in Bearbeitung befindlichen Werkstück** ist eine kontinuierliche Messung über stationäre Sensoren infolge der notwendigen Datenkabel nicht praktikabel. Es können daher nur Einzelmessungen durchgeführt werden. Erfahrungsgemäß genügt es, den Temperaturzustand vor der Fertigbearbeitung aufzunehmen.

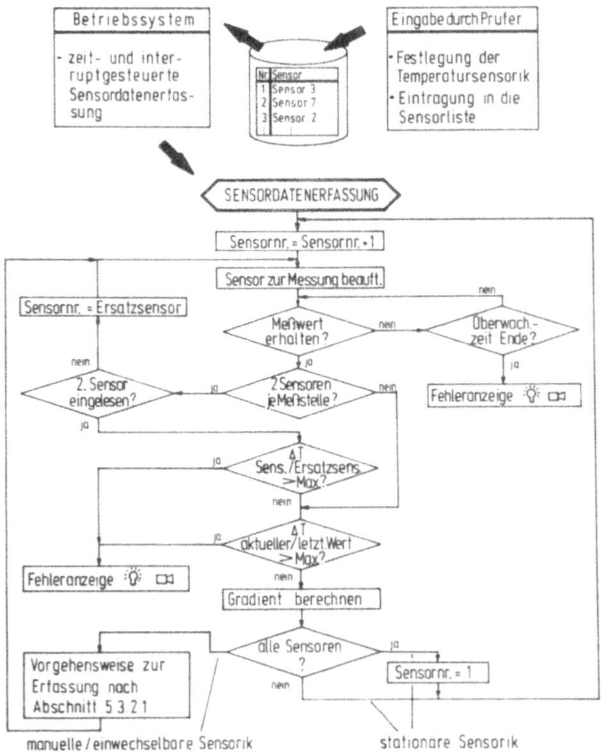

Bild 5.12: Programmablauf zur Temperaturdatenerfassung

Prinzipiell kann die Temperaturerfassung am aufgespannten Werkstück manuell oder maschinengestützt erfolgen. Eine Abgrenzung nach Einsatzfällen ergibt dann folgendes Bild.

Die manuelle Temperaturerfassung findet dann Einsatz, wenn
- bereits simultan zur Bearbeitung gemessen werden soll, um die Prüfzeit zu reduzieren;
- für komplizierte Werkstücke viele und z. T. maschinengestützt nicht zugängliche Meßstellen aufgenommen werden müssen.

Die maschinengestützte Erfassung ist dann vorteilhaft, wenn mit wenigen Meßstellen das Werkstück thermisch hinreichend beschreibbar ist. Außerdem müssen diese Meßstellen für den maschinenbewegten Sensor zugänglich sein. Dies bedeutet, das Verfahren ist auf einfache Werkstücke beschränkt.

Manuelle Temperaturerfassung

Die Meßstellen auf der Werkstückoberfläche werden in der Antastreihenfolge nach Prüfplan aufgenommen. Der dem Prüfer hierzu bereitgestellte Handsensor setzt eine einfache Funktionsweise voraus, um die erforderliche Erfassungssicherheit zu gewährleisten. Zur Auslösung der Meßwerterfassung steht ein Drucktaster, zur Information des Prüfers eine Leuchtdiode (LED) zur Verfügung. Bild 5.13 zeigt diesen Handsensor.

Prüfablauf:

Durch Betätigen des Drucktasters werden laufend Meßwerte eingelesen und daraus der Gradient bestimmt (LED blinkt). Nach einer sensorspezifischen Meßzeit läuft der eingelesene Wert auf einen Beharrungswert zu. Durch die Berechnung der Temperaturdifferenz kann durch das Prüfsystem die genaue Meßzeit aus einer Tabelle abgelesen und nach Erreichen dieser Zeit der Meßvorgang beendet werden. Dem Prüfer wird das Ende des Meßvorgangs angezeigt (LED ein), worauf er den Sensor zurückziehen kann (LED aus). Gleichzeitig wird der gültige Temperaturwert um den Meßfehler aufgrund Wärmeableitung vom Meßobjekt durch den Sensor kompensiert. Bild 5.13 verdeutlicht diesen Zusammenhang.

Meßfehlerbehandlung:

Tritt ein Meßfehler durch
- Abheben des Handsensors von der Meßstelle;
- Hin- und Herbewegung und damit wechselnder Kontaktfläche

auf, wird der Meßvorgang automatisch abgebrochen (LED blinkt hochfrequent).

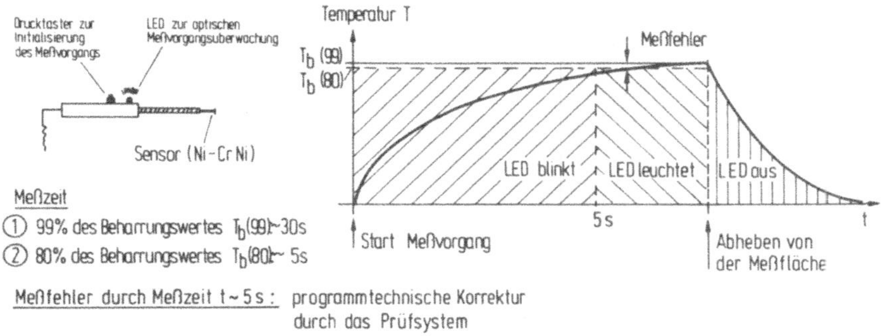

Bild 5.13: Handsensor zur Temperaturerfassung an Werkstücken

Maschinengestütztes Erfassen der Werkstücktemperatur

Automatisches Antasten bedeutet maschinengestütztes Anfahren der Meßstelle durch die CNC und selbständiges Übernehmen des Temperaturwerts durch das Prüfsystem. Der hierzu notwendige Temperatursensor hat federnde Tastspitzen, um Aufmaßschwankungen des Werkstücks auszugleichen. Um sowohl Seiten- als auch Stirnflächen antasten zu können, sind rechtwinklig zueinander angeordnete Sensoren notwendig (Bild 5.14). Die Antastbewegung sowie die eingesetzte Sensorspitze wird in einem Meßprogramm für die CNC hinterlegt, womit die automatische Positionierung des Sensors ausgeführt werden kann.

Prüfablauf:

Die Initiierung des Erfassungsvorgangs für das Prüfsystem kann erfolgen über

- einen Schalter im Sensor;

- eine im Meßprogramm hinterlegte Synchronisationsanweisung, die von der CNC ausgegeben wird.

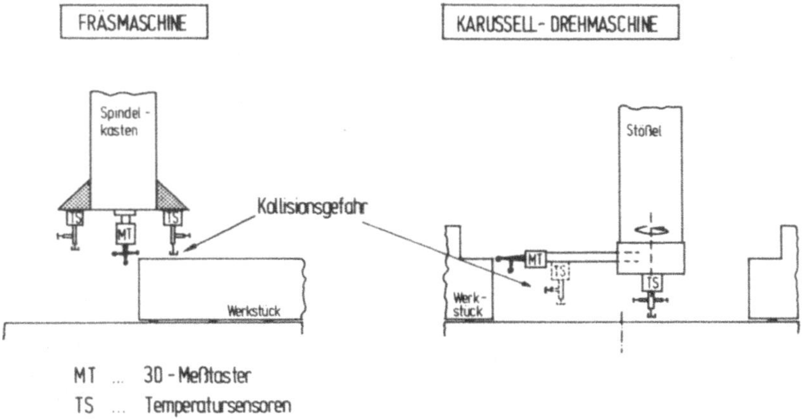

Bild 5.14: Sensor für maschinengestütztes Erfassen

Für die Beendigung des Meßzyklus ist dann alternativ maßgebend:

- die gespeicherte Meßzeit im Prüfsystem und die Verharrungszeit der CNC als Parameter im Meßprogramm;
- ein Endekommando (Synchronisationsanweisung) vom Prüfsystem an die CNC, dessen Ausgabezeitpunkt wie bei der manuellen Erfassung ermittelt wird.

Meßfehlerbehandlung:
Die CNC wird durch eine Synchronisationsanweisung angewiesen, das Meßprogramm ab einer bestimmten Stelle zu wiederholen. Die vom Prüfsystem übergebene Meldung beinhaltet die entsprechende Satznummer, die in den Prüfanweisungen hinterlegt ist.

Der Zeitbedarf - ca. 5 ... 10 min - bei maschinengestützter Erfassung ist aufgrund der beträchtlichen Werkstückabmessungen groß. Die Wirtschaftlichkeit läßt sich nur dadurch steigern, daß bestimmte Geometrie- und Temperaturdaten im gleichen Meßzyklus aufgenommen werden. Dies erfordert den gleichzeitigen Einsatz des Meßtasters und des Temperatursensors. Nach Bild 5.14 ist dann allerdings zu beachten, daß infolge der gegenseitigen Behinderung Kollisionsgefahr droht. Für jeden Anwendungsfall muß daher geprüft werden, ob diese Vorgehensweise realisierbar ist.

5.3.2.2 Anwendungsspezifische Software

Hiermit werden sämtliche für die Prüfdurchführung notwendigen Funktionen des Prüfsystems geliefert. Die einzelnen Funktionsblöcke sind aufgabenbezogen abgegrenzt und gemäß Bild 5.15 um eine zentrale Prüfablaufsteuerung angeordnet.

Nachstehend sollen deshalb programmtechnische Wege aufgezeigt werden, um die Korrekturdaten nach dem in Abschnitt 4 beschriebenen Verfahren zu generieren. Besondere Bedeutung in

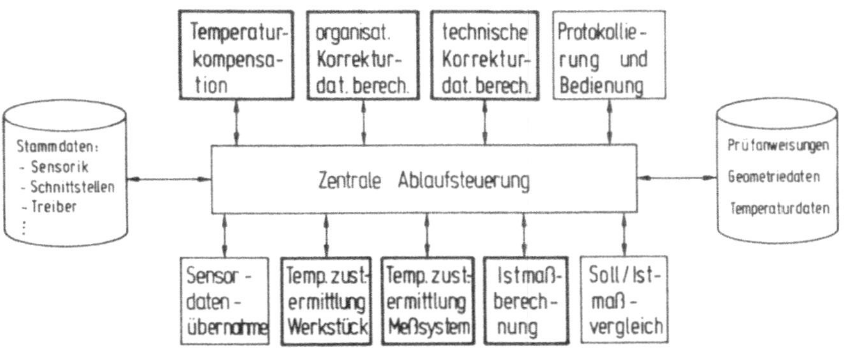

Bild 5.15: Struktur der anwendungsspezifischen Software

dieser Anwendung kommt den stark umrandeten Blöcken zu. Für die Beschreibung der restlichen wird wieder auf /26, 30/ verwiesen.

5.4 Programmtechnische Lösungswege zur Korrekturdatenberechnung

Zur automatischen Generierung von Korrekturdaten durch das Prüfsystem sind nachstehende Funktionsblöcke erforderlich:
- Istmaßberechnung;
- Temperaturzustandsermittlung für Werkstück und Maschine;
- Kompensation des Temperatureinflusses;
- Korrekturdatenberechnung für die Fertigbearbeitung.

5.4.1 Istmaßberechnung

Das Istmaß des Werkstücks wird über eine Zwei- oder Mehrpunktantastung ermittelt. Bei prismatischen Werkstücken ergibt sich die Länge als Abstand zwischen den Stirnflächen, wobei die Position der Stirnfläche über ein oder mehrere Antastpunkte aufgenommen wird. Der Durchmesser bei rotationssymmetrischen Teilen muß grundsätzlich über die diametrale Zwei- oder Mehrpunktmessung am Werkstück aufgenommen werden, um Maschinenpositionierfehler, wie
- Drehtellerexzentrizität;
- Stößelschrägstellung und
- asymmetrische Ausdehnungen im Querbalken

weitgehend auszuschließen.

5.4.2 Temperaturzustandsermittlung

Der Funktionsblock erfüllt nach Bild 5.16 zweierlei Aufgaben:
- Bereitstellen gemittelter und über den Temperaturgradienten gewichteter Daten für die Temperaturkompensation;

- Ermittlung der Daten für den Prüfer zur Überprüfung der technischen und organisatorischen Korrekturdaten.

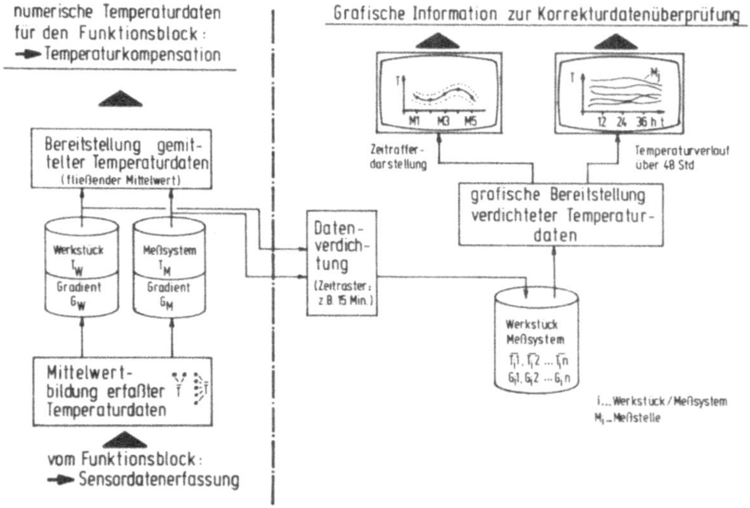

Bild 5.16: Struktur der Temperaturzustandsermittlung

Grundlage für eine sichere Temperaturkompensation sind Temperaturdaten, die Mittelwerte aus mehreren Meßwerten darstellen. Dies können Mittelwerte sein, die sich aus zwei Sensoren pro Meßstelle ergeben (Meßsystem) oder auf Basis einer parametrisierbaren Anzahl von Einzelmessungen entstehen (Werkstück). Diese gemittelten Temperaturdaten sind dann auf Abruf bereitzustellen.

Neben den aktuellen Temperaturdaten sind für die Überprüfung auch die Temperaturgeschichte und der aktuelle Temperaturgradient der Meßstelle bedeutsam. Da die Speicherkapazität je Werkstück begrenzt ist, müssen die anfallenden Daten verdichtet werden. Für die Überprüfung bietet sich eine grafische Darstellung an. Zu unterscheiden sind:

- eine statische Anzeige des Temperaturverlaufs einer oder

mehrerer durch den Prüfer ausgewählter Meßstellen in Form eines Temperatur/Zeit-Diagramms;

- eine Zeitrafferdarstellung über der Temperatur und verschiedenen ebenfalls vom Prüfer ausgewählten Meßstellen, wobei mit jedem Zeitrasterschritt eine erneute Ausgabe der Temperaturkurve erfolgt (Gradienterkennung).

Darstellbar sind damit die Temperaturprofile der Werkstückflächen und des Meßsystems (vgl. Bilder Abschnitt 4.2). Der Anwender kann damit prüfen, ob die Korrekturdaten auf Basis langfristig konstanter Temperaturdaten berechnet wurden oder ob nennenswerte Temperaturgradienten das Gleichgewicht störend beeinflußt haben. Im letzteren Fall sind dann u. U. die Korrekturdaten nach oben oder unten anzupassen (Grenzwerte siehe Abschnitt 5.4.4).

5.4.3 Temperaturkompensation

Voraussetzung für diesen Funktionsblock sind die Kompensationsgleichungen aus Abschnitt 4.4. Die Bereitstellung kann als fest programmierte Gleichung oder über Eingabe am Bildschirm mit entsprechender Bedienerführung erfolgen. Eine höhere Flexibilität bietet im Hinblick auf unterschiedliche Werkstückspektren der zweite Lösungsweg. Die explizite Eingabe ist für das Maschinenmeßsystem nicht zwingend erforderlich, da der Algorithmus zur Ausdehnungsberechnung vorliegt und keiner Änderung bedarf.

Im Sinne einer hohen Anwenderfreundlichkeit muß die Gleichung zur Ausdehnungsberechnung des Werkstücks in der in Bild 5.17 gezeigten Form bedienerunterstützt eingebbar sein. Um einen eindeutigen Bezug zum Werkstück herzustellen, wird die Gleichung unter der Werkstücksachnummer verwaltet. Für die Temperaturkompensation wird dann über die in den Prüfanweisungen hinterlegte Sachnummer die entsprechende Gleichung angezogen und interpretiert (Bild 5.17).

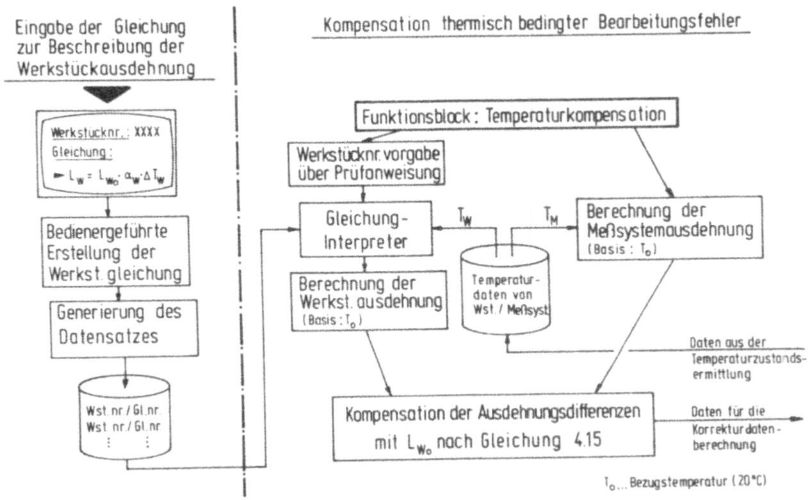

Bild 5.17: Struktur der Temperaturkompensation

Das Prüfsystem ermittelt das temperaturkompensierte Maß entsprechend dem in Abschnitt 4.4 entwickelten Verfahren, wobei im ersten Schritt das berechnete Istmaß um die Meßsystemausdehnungsfehler berichtigt wird. Dies geschieht dadurch, daß die aktuellen Meßsystemtemperaturen direkt in Gleichung (4.13) eingesetzt werden.

Danach wird die Bestimmung der aktuellen Werkstücklänge bezogen auf 20°C über die bereitgestellten Temperaturdaten ausgeführt. Als Basis für Werkstücke mit **einfachem** Aufbau gilt Gleichung (4.3). Für **komplex aufgebaute** Werkstücke ist Gleichung (4.4) maßgebend. Ausgehend von den gemessenen Temperaturwerten wird die Werkstückausdehnung auf Basis der signifikaten Meßstellen berechnet.

Das temperaturkompensierte Werkstückmaß ergibt sich schließlich, indem die werkstück- und meßsystemspezifischen Ausdehnungswerte nach Gleichung (4.15) und (4.16) miteinander in Beziehung gesetzt werden.

5.4.4 Korrekturdatenberechnung

Der Funktionsumfang dieses Moduls läßt sich in folgende Teilschritte unterteilen:

- Bearbeitungsfehlerermittlung durch einen Soll/Istmaßvergleich mit Gleichung (4.17);
- Auswahl der Korrekturmaßnahmen;
- Erzeugung technischer und organisatorischer Korrekturdaten.

Nachdem die thermisch bedingten Ausdehnungseinflüsse kompensiert sind, erfolgt durch einen Soll-/Istmaßvergleich schließlich die Berechnung des Bearbeitungsfehlers. In einem zweiten Schritt muß nun die Korrekturmaßnahme ausgewählt werden. Als Basis dient eine Tabelle, die im Prüfsystem hinterlegt ist (Bild 5.18). Aufgrund der Größe des Bearbeitungsfehlers, der mit parametrisierbaren Eingriffsgrenzen verglichen wird, erfolgt die Zuordnung der Korrekturmaßnahme zu den jeweiligen CNC-typenabhängigen Korrekturdaten.

Im dritten Schritt werden die Korrekturdaten erzeugt. Der technische Korrekturwert stellt den invertierten Betrag des Bearbeitungsfehlers dar. Über den organisatorischen Korrekturwert wird der CNC angezeigt, in welcher Art Abläufe im Bearbeitungsprogramm geändert werden müssen.

Vor der Übertragung dieser Daten an die CNC werden diese dem Prüfer am Bedienterminal angezeigt. Das Prüfsystem erzeugt neben dem technischen auch den maximalen und minimalen Korrekturwert, d. h. die Grenzwerte, innerhalb derer auf der Grundlage der durchgeführten Kompensationsrechnung korrigiert werden muß, um im Toleranzbereich fertigbearbeiten zu können. Der Prüfer kontrolliert den vorgeschlagenen Wert, übernimmt bzw. überschreibt ihn mit einem Wert aus dem angezeigten Bereich. Damit wird gleichzeitig die Rückübertragung der Korrekturdaten an die CNC angestoßen.

Für den vollautomatischen Qualitätsregelkreis muß diese Überprüfungsfunktion abschaltbar sein.

Meßergebnis	Maßnahmen zur Kompensation der Bearbeitungsfehler	Steuerdaten für die CNC
toleranzhaltig (Gutteil)	① NC-Sätze für Nachbearbeitung überspringen ② Parameter für parametrisierbare NC-Unterprogramme bereitstellen	① 'M'-Funktion für die Ausblendung der NC-Sätze ② Parameter = 0
außerhalb der Toleranz (Nacharbeit)	① sequentielle Fortführung des NC-Programms und Korrekturdaten bereitstellen ② ausblendbare NC-Nachbearbeitungssätze anwählen u. KD bereitstellen ③ NC-Unterprogramme für Nachbearbeitung anwählen u. KD bereitstellen ④ Parameter für parametrisierbare NC-Unterprogramme bereitstellen	① Werkzeug-KD Nullpunktverschiebung in der entsprechenden Achse ② 'M'-Funktion WZ-KD, NPV ③ 'M'-Funktion mit Sprungadresse für NC-Unterprog. WZ-KD, NPV ④ Parameter ≠ 0
außerhalb der Toleranz (Ausschuß)	mehr Aufmaß für den Meßschnitt ansetzen	(Anzeige am CNC-Bedienpanel)

Bild 5.18: Fehler-Maßnahmen-Zuordnungstabelle
(KD... Korrekturdaten,
NPV... Nullpunktverschiebung)

5.5 Bewertung

Mittels der aufgezeigten Hard- und Softwarestruktur steht damit eine Systemlösung für eine automatische Korrekturdatenbereitstellung zur Verfügung. Durch die Entwicklung eines flexibel anpaßbaren Hard- und Softwarekonzepts sind Schnittstellen zur CNC und Sensorik beliebig gestaltungsfähig und für jede Anwendung konfigurierbar. Ferner werden durch die Installation der erforderlichen Funktionsblöcke in Prüfsystem und CNC rechentechnisch alle Voraussetzungen erfüllt, um thermisch bedingte Bearbeitungsfehler zu kompensieren. Im Hinblick auf die Portierbarkeit wird die Ausgabe der Korrekturdaten mit einer Tabelle verknüpft, um unterschiedliche CNC-Generationen nachrüsten zu können.

Ob ein automatisches oder manuelles Ermittlungsverfahren für die Werkstücktemperatur zum Einsatz kommt, hängt vom Automatisierungsgrad der Maschine, von der Kompliziertheit der Werkstücke - und damit der Zugänglichkeit der Meßstelle - sowie von einer Wirtschaftlichkeitsbetrachtung der beanspruchten Meßzeit ab. Dies muß für jeden Anwendungsfall einzeln geprüft werden.

6 Einsatz des prozeßnahen Qualitätsregelkreises

Nach der Festlegung von Lösungsbausteinen soll nun der praktische Einsatz des Regelkreises in zwei Fällen dargestellt werden. Die Temperaturerfassung am Werkstück erfolgt bedienergestützt über das Prüfsystem, die am Maschinenmeßsystem automatisch durch das Prüfsystem; wirtschaftliche Gesichtspunkte schließen die maschinengestützte Temperaturerfassung am Werkstück infolge der hier betrachteten Werkstückkomplexität aus.

6.1 Regelkreisstruktur

Die Grundlage für das Prüfsystem bildet ein am Institut für Steuerungstechnik der Werkzeugmaschinen und Fertigungseinrichtungen der Universität Stuttgart entwickeltes Meßwerterfassungs- und -auswertesystem (MEA). Dieses System wurde um die in Abschnitt 5 aufgezeigten Schnittstellen und Funktionen erweitert. Die linke Schnittstellenkarte in Bild 6.1 liefert die Verbindung zur Sensorik, CNC und zum Bedienterminal über genormte Schnittstellen (EIA-RS 232C, 422, 485).

Die gerätetechnische Ankopplung an die CNC geschieht über die SPS. Für die in beiden Fällen verwendete SINUMERIK 8 ist dies die S5/150S. Über eine steckbare Interfacekarte (AS 512) für die SPS wurde eine serielle Kommunikationsstrecke (EIA-RS 232 C) aufgebaut. Die Übertragungstechnik ist nach dem in Abschnitt 5.2.1 aufgezeigten Protokoll (dialogorientiert) realisiert. Dadurch, daß das Kartenformat des Prüfsystems identisch dem der SPS ist, kann dieses in den Baugruppenträger der SPS integriert und damit die Stromversorgung der Rückwand mit verwendet werden (Bild 6.2).

Als erste Funktionserweiterung in der CNC/SPS wurde die Decodierung des Prüfprogramms realisiert. Die Anteile mit

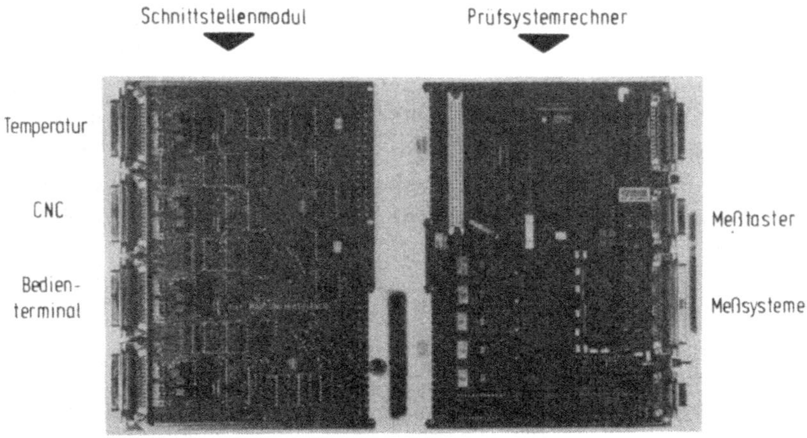

Bild 6.1: Hardwaremoduln für das Prüfsystem

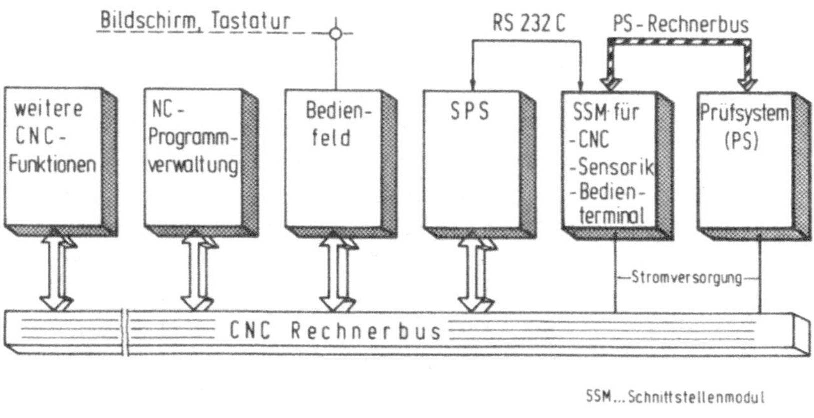

Bild 6.2: Prüfsystem (angekoppelt über die SPS)
(SPS... Speicherprogrammierbare Steuerung)

Prüfanweisungen stehen dezentral den einzelnen CNC-Steuerdaten zugeordnet und werden während der Abarbeitung des Prüfprogramms in der CNC an das Prüfsystem übermittelt (vgl. Bild 5.3). Der Prüfablauf wird über die technischen und organisatorischen Steuerdaten nach Abschnitt 5.1.1 gesteuert und synchronisiert.

Die zweite Funktionserweiterung betrifft die Erfassung von Geometriemeßpunkten durch die CNC mit anschließender Übertragung der Meßpunktkoordinaten an das Prüfsystem. Der Meßtaster wird hierzu direkt mit der CNC verbunden. Während die MIM-Funktion Standard ist, mußten für die Ausgabe der Meßpunkte programmtechnische Änderungen in der SPS durchgeführt werden.

Die Temperaturerfassung über den Handsensor sowie über die ortsfest installierten Meßsystemsensoren wurde über den in Bild 5.8 aufgezeigten Sensormodul realisiert.

6.2 Erläuterung der Leistungen und Grenzen des prozeßnahen Qualitätsregelkreises

Aus den praktischen Erfahrungen im Rahmen dieser Arbeit beim Einsatz des prozeßnahen Qualitätsregelkreises zur Kompensation thermisch bedingter Bearbeitungsfehler sollen nun Leistungen und Grenzen des Systems aufgezeigt werden.

6.2.1 Temperaturkompensation an langen Frästeilen

Bei dem vorliegenden Werkstückspektrum handelt es sich um lange Teile (zwischen 5 und 15 m) für Papiermaschinen (Bild 6.3).

In den vielen durchgeführten Untersuchungen wurde festgestellt, daß große Temperaturschwankungen

- über der Meßsystemlänge (ΔT_M: 0...4°C);
- im Meßsystem über der Tageszeit (ΔT_M: 2...6°C);
- der Meßsystem- zur Einrichtetemperatur (ΔT_M: -4...6°C);
- zwischen Meßsystem und Werkstück (ΔT: -3...6°C) aus den in Abschnitt 4 dargelegten Gründen auftreten.

Bild 6.3: Fräsbearbeitung an einem langen Werkstück (Werkbild J. M. VOITH GmbH, Heidenheim)

Das kritische Maß im vorliegenden Fall ist somit die Länge. Übertragen auf die Maschinenachsen ist dies die X-Achse. Als Grundlage für die Kompensation wurde deshalb in dieser Achse eine Maschinenvermessung mit einem Laser-Interferometer vorgenommen, um die systematischen Restfehler zu erfassen, die dann während der Prüfung zu berücksichtigen sind.

Die Ermittlung der Werkstücktemperatur T_W erfolgt über eine Bedienmaske am Prüfsystembildschirm (Bild 6.4). Über Softkeys ist die On-line-Übernahme vom angeschlossenen Handsensor oder die manuelle Eingabe durch den Prüfer steuerbar.

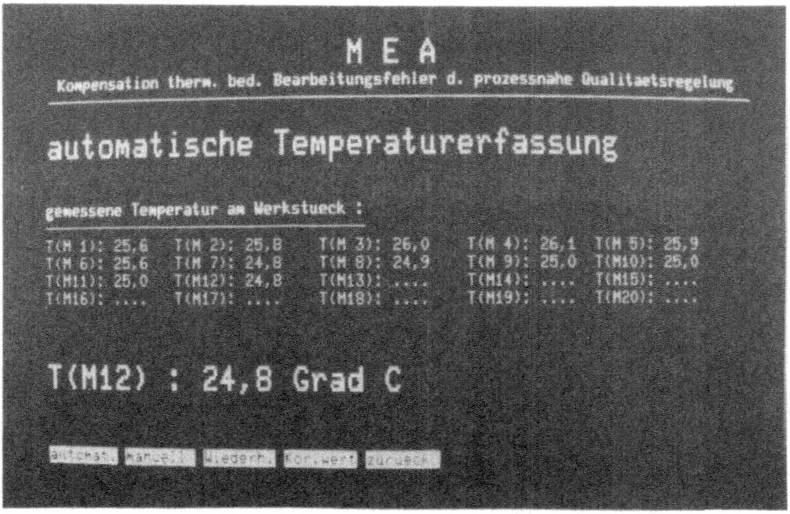

Bild 6.4: Bedienmaske für die Ermittlung der Werkstücktemperatur

Der zuletzt übernommene Meßwert wird in Großbuchstaben dargestellt, um auch aus größerer Entfernung eine Überprüfung vornehmen zu können. Einzelne Meßwerte können nachträglich noch durch eine wiederholte Messung überschrieben werden. Der Anstoß zur Ermittlung von T_W geschieht über eine Prüfanweisung, die im Prüfprogramm hinterlegt ist.

Die Korrekturdatenberechnung erfolgt, nachdem T_W ermittelt, die Kompensationsgleichung für das Werkstück über die Sachnummer ausgewählt (Sachnummer ist in den Prüfanweisungen enthalten) und das Werkstückistmaß über die Meßpunkte MP1 und MP2 aufgenommen wurde. Als Zwischenschritte werden die wesentlichen Teilergebnisse der Kompensationsgleichung auf dem Prüfsystembildschirm angezeigt (Bild 6.5). Der Prüfer kann nach erfolgter Überprüfung den berechneten Korrekturwert übernehmen oder ggf. modifizieren. Das Prüfsystem bietet ihm hier eine Softkey-Steuerung an. Als Richtwerte für die zulässige Bandbreite, in der der Korrekturwert verändert werden kann, um noch innerhalb der Toleranzgrenzen zu bleiben, werden die obere und untere Korrekturgrenze mit angezeigt.

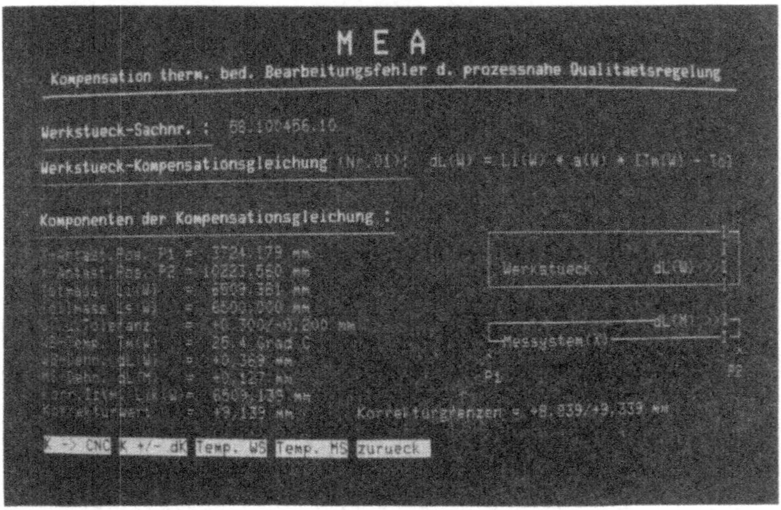

Bild 6.5: Korrekturdatenmaske

Durchgeführte Bearbeitungsreihen ergaben folgendes Bild. Die Istmaße (① in Bild 6.6), die jeweils am gleichen Werkstück bei verschiedenen klimatischen Umgebungsbedingungen gefertigt wurden, schwanken typisch in dem Maße, wie sie im Bild 6.6 aufgezeichnet sind. Der Unterschied zwischen größter und kleinster Abweichung vom Sollwert beträgt darin für die untersuchten Werkstücke 0,531 mm. Es wird ersichtlich, daß bei der Montage mit ähnlicher Streuung behafteter Werkstücke infolge der additiven Überlagerung der Streuung Nacharbeit die Regel ist.

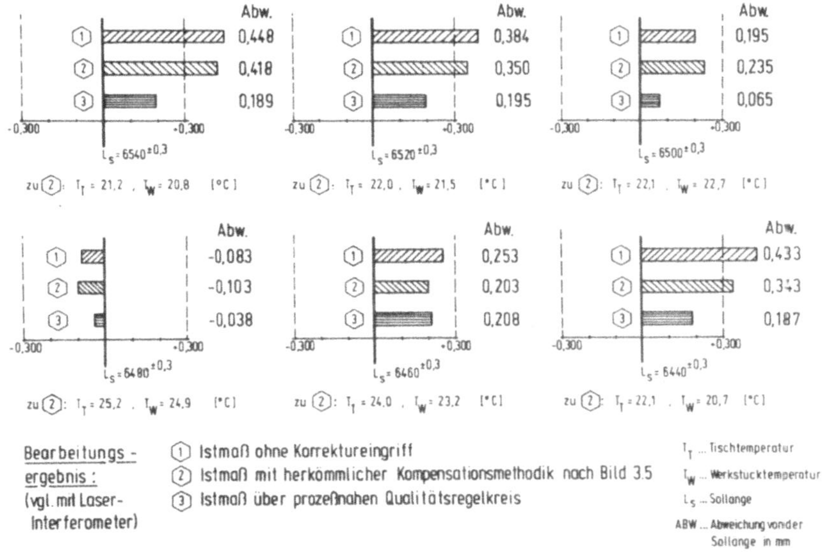

Bild 6.6: Bearbeitungsergebnis auf einer Fräsmaschine

Vergleicht man die Ergebnisse 2 und 3 mit dem Sollmaß, stellt man fest, daß der prozeßnahe Qualitätsregelkreis zu deutlich kleineren Maßabweichungen führt und damit wesentlich konstantere Ergebnisse resultieren, als dies durch die herkömmliche Kompensationsmethodik über das Korrekturdiagramm nach Bild 3.5 möglich ist. Ferner reduziert sich die Streubreite auf ca. die Hälfte (0,246 mm).

Für das hier beschriebene Werkstück konnte damit nachgewiesen werden, daß die produzierte Länge mittels Qualitätsregelkreis innerhalb eines wesentlich kleineren Schwankungsbereichs sichergestellt werden kann. Der Bereich setzt sich aus folgenden Fehleranteilen zusammen:

- Istmaßerfassung $\approx \pm$ 15 µm;
- Temperaturkompensation für das Meßsystem $\approx \pm$ 20 µm;
- nicht kompensierbare Restfehler der Maschine $\approx \pm$ 10 µm;
- Temperaturkompensation für das Werkstück $\approx \pm$ 150 µm.

Der entscheidenste Einfluß auf die Verbesserung der Bearbeitungsqualität geht auf die Kompensation der meßsystembedingten Dehnungsfehler zurück, die durch die Laser-Vermessung erfaßt und durch ein prüfsysteminternes Modell nachgebildet werden konnten. Dies war bisher durch die fehlende Zugänglichkeit zum Meßsystem nicht möglich. Aber auch durch die auf der Analyse des Werkstückaufbaus basierende Festlegung der Temperaturmeßstellen am Werkstück wird ein Schritt in Richtung zuverlässigerer $\Delta T/\Delta L$-Funktionen getan. Die Ergebnisse in Bild 6.6 zeigen, daß der vorgeschlagene Ansatz aufgrund geringerer Streubreite zu einer montagegerechteren Fertigung führt.

6.2.2 Temperaturkompensation an großen Drehteilen

Eine durchgeführte Analyse für große Drehteile auf der in Bild 6.7 abgebildeten Karusselldrehmaschine (Planscheiben-

Bild 6.7: Drehbearbeitung großer Durchmesser
(Werkbild J. M. VOITH GmbH, Heidenheim)

durchmesser 6 m) ergab, daß sie während einer Schicht in Abhängigkeit des Hallenklimas erheblich wachsen bzw. schrumpfen können. Bei einem untersuchten Teil mit ca. 4 m Durchmesser waren dies 140 µm.

Die Fertigungsgenauigkeit konnte auch bei dieser Maschine entscheidend verbessert werden. Dies war einerseits möglich, weil die Bestimmung signifikanter Werkstücktemperaturmeßstellen bei Drehteilen unkomplizierter ist als bei Frästeilen. Denn dadurch, daß die Bearbeitungswärme am Durchmesser gleichmäßig eingeleitet wird, und keine örtlichen Temperaturerhöhungen infolge Umgebungsstrahlung auftreten - die Rotation verhindert dies - ist die Ermittlung einer repräsentativen Werkstücktemperatur hinreichend genau gegeben.

Nicht zu vernachlässigen sind jedoch die Probleme bei diesem Maschinentyp, die sich durch systematische Maschinenfehler beim maschinengestützten Ermitteln des Istdurchmessers ergeben. Bei diesem Maschinentyp beeinflussen konstruktionsbedingte Gegebenheiten nach Bild 6.8 wie Querbalkenschrägstellung und -durchbiegung, Geradheitsfehler der Stößelführung, Exzentrizität des Werkzeugrevolvers das Meßergebnis in dem Maße, daß ohne Korrektur der überwiegend systematischen Fehler kein sinnvolles Messen geometrischer Daten möglich ist. Die Positionierfehler lassen sich auch in diesem Fall wieder durch eine Laser-Vermessung ermitteln, wobei der gesamte Meßbereich im Arbeitsraum der Maschine gitterförmig mit Meßpunkten überzogen wird. Ohne diese Vorgehensweise ist bei diesem Maschinentyp kein automatisch arbeitender Qualitätsregelkreis realisierbar.

Der Einsatz des prozeßnahen Qualitätsregelkreises führte zu einer Verbesserung der Bearbeitungsqualität. Wenn früher das Istmaß in einer Streubreite von -0,4 mm bis +0,9 mm schwankte, kann durch die Kompensation der thermisch bedingten Hallen- und Bearbeitungseinflüsse sowie der syste-

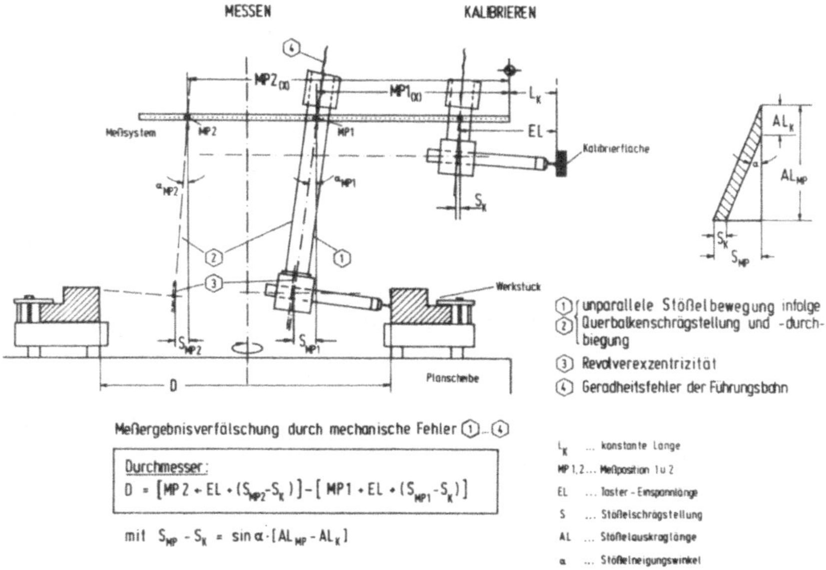

Bild 6.8: Systematische Maschinenfehler einer Karusselldrehmaschine

matischen Positionierfehler das Fertigmaß im Bereich von $\pm$ 0,3 mm hergestellt werden.

7 Zusammenfassung

Zielsetzung der vorliegenden Arbeit war es, Realisierungsstrukturen für den Aufbau prozeßnaher Qualitätsregelkreise zur Kompensation thermisch bedingter Bearbeitungsfehler an Großbearbeitungsmaschinen vorzuschlagen, vor dem Hintergrund einer montagegerechten Fertigung.

Während im Bereich kleinerer Bearbeitungsmaschinen ausreichend Know-how vorhanden ist, um die Fertigungsqualität bei Temperaturschwankungen einzuhalten, führen thermische Instabilitäten in der Maschinenumgebung bei der Großteilefertigung immer noch zu nicht vernachlässigbarem Nachbearbeitungsaufwand. Auf Basis einer Analyse der Ursachen im wesentlichen maschinenextern bewirkter Maßabweichungen ließen sich die Notwendigkeit eines prozeßnahen Qualitätsregelkreises nachweisen und gleichzeitig die Anforderungen an die Komponenten CNC, Prüfsystem und Sensorik aufzeigen.

In einem ersten Teilabschnitt behandelt diese Arbeit Grundlagen für die Erfassung und Darstellung von Temperaturverläufen in Maschinenkomponenten und Werkstücken. Gleichzeitig wird versucht, bei einfach und komplex aufgebauten Werkstücken das Temperaturdehnungsverhalten zu beschreiben sowie Hinweise für die Temperaturerfassung an der Werkstückoberfläche zu geben. Basierend auf Untersuchungen und der vorgestellten Sensorik zur Temperaturerfassung wurde dann der Zusammenhang zwischen Meßsystem- und Werkstückdehnung formelmäßig dargestellt und somit die Grundlage für die Kompensation thermisch bedingter Fehler gelegt.

Der zweite Teil der Arbeit stellt Realisierungsstrukturen für ein CNC-angekoppeltes Prüfsystem als gerätetechnische Komponente des Qualitätsregelkreises zur Durchführung der beschriebenen Kompensationsmaßnahmen vor. Ein erhebliches Hemmnis bei der Realisierung komplexer Prüfsysteme stellt z. Z. noch das Fehlen international standardisierter

Schnittstellen dar. Mit der Einführung funktionaler Schnittstellen zwischen den Regelkreiskomponenten CNC, Prüfsystem und Sensorik werden Vorschläge zur Vereinheitlichung formuliert. Durch die aufgezeigte aufgabenorientierte und modulare Systemstruktur auf der Grundlage einer Standard-CNC und eines entwickelten Prüfsystems konnte nachgewiesen werden, daß es sich bei den vorgestellten Realisierungsmöglichkeiten um weitgehend flexible, übertragbare Lösungsansätze handelt, die auch in bereits im Einsatz befindliche Maschinen nachgerüstet werden können.

Der Funktionsnachweis der Kompensationsmaßnahmen wurde praxisnah durch zwei untersuchte Maschinen sowie deren analysiertes Werkstückspektrum geliefert, wodurch die montagegerechte Fertigung großer Werkstücke in deutlich engeren Toleranzgrenzen sichergestellt ist als dies bisher realisierbar war.

Literaturverzeichnis :

/1/	Pritschow,G.	Automatisierte Qualitätssicherung in der NC-Fertigung. ZwF 74(1979)5, S.226...229.
/2/	Pfeifer,T.; Held,H.J.	Entwicklungstendenzen zur Automatisierung der Fertigungsmeßtechnik. atp 27(1985)8, S.364...370.
/3/	Storr,A. Frank,H.; Walker,B.	Software als Produktkomponente für flexible Fertigungseinrichtungen. wt-Z.ind.Fertig. 76(1986)5, S.313...318.
/4/	Weck,M.; Eckstein,R.	Hallenklima beeinflußt Arbeitsgenauigkeit. Ind.-Anz. 108(1986)72, S.56...58.
/5/	DGQ 11-04	Begriffe und Formelzeichen im Bereich der statistischen Qualitätskontrolle. Berlin, Köln: Beuth-Verlag, 1977.
/6/	DIN IEC 65 (SEC) 84	Messen, Steuern, Regeln in der industriellen Prozeßtechnik; Begriffe. Berlin, Köln: Beuth-Verlag 1976.
/7/	DIN 55350	Begriffe der Qualitätssicherung und Statistik, Teil 11. Berlin, Köln: Beuth-Verlag, 1980.
/8/	Warnecke,H.J.	Weiterbildung Technik, Qualitätswesen Teil 1. wt-Z.ind.Fertig. 71(1981)5, S.319...322.
/9/	VDI/VDE 2623	Meßsysteme für Längenregelungen an Werkzeugmaschinen. Berlin, Köln: Beuth-Verlag, 1976.

/10/ Masing,W. Der beherrschte Fertigungsprozeß. wt-Z.ind.Fertig. 67(1977)5, S.269...272.

/11/ Spur,G. Fischer,H. Untersuchungen thermischer Verformungen von Werkzeugmaschinen (Heft 5). VDW-Forschungsbericht 0201, 1970.

/12/ de Haas,P.; Heisel,U. Kompensation thermischer Deformationen an Werkzeugmaschinen. ZwF 73(1978)11, S.555...560.

/13/ Weber,E. Einfluß thermischer Instabilität auf die Genauigkeit von Werkzeugmaschinen. Ind.-Anz. 102(1980)64, S.34...40.

/14/ Autoren-kollektiv Arbeitsgenauigkeit in der Maschine beherrschen (4.3). Ind.-Anz. 106(1984)56, S.119...126.

/15/ Weck,M.; Dern,U. Die Fertigung montagegerecht steuern. Ind.-Anz. 106(1984)83, S.22...24.

/16/ Heisel, U. Ausgleich thermischer Deformationen an Werkzeugmaschinen. Berlin: Dr.-Ing.-Diss., 1980.

/17/ Pritschow,G. Die flexible Fertigungszelle. Chance und Herausforderung für den mittelständischen Betrieb. wt-Z.ind.Fertig. 75(1985)11, S.663...668.

/18/ Autoren-kollektiv Automatisierte Fertigungsüberwachung (3.3). Anforderungsgerechte Werkzeugmaschinenkonstruktion (3.4). Ind.-Anz. 106(1984)56, S.84...104.

/19/ Pascher,M. Kompensation thermisch bedingter Verlagerungen an Werkzeugmaschinen (Teil 1 u. 2). Essen: Girardet-Verlag, HGF-Kurzberichte (Lose-Blattsammlung) 84/60 und 85/91.

/20/ Armbruster,N.; Badur,K. Meßsteuerungen für CNC-Drehmaschinen. wt-Z.ind.Fertig. 70(1980)8, S.511...514.

/21/ Klingler,O. Prozeßnahes Erfassen und Auswerten von Meß- und Prüfdaten. wt-Z.ind.Fertig. 72(1982)11, S.607...613.

/22/ Breyer,K.-H. Integration von Koordinatenmeßgeräten in flexible Fertigungssysteme. Werkst. u. Betr. 118(1985)9, S.595...598.

/23/ Pfeifer,T.; Fürst,A. Universalmeßgeräte in der NC-Fertigung. Ind.-Anz. 105(1983)19, S. 109...111.

/24/ Cartarius, G. Qualitätssicherung durch Einbezug flexibler Meßzentren. wt-Z.ind.Fertig. 75(1985)3, S.161...164.

/25/ Pfeifer,T.; Vollaard,W. Messen auf Bearbeitungszentren. Ind.-Anz. 107(1985)35/36, S.29...32.

/26/ Bauer, E.; Nennstiel, H.; Kohler, P.; Pfeiffer, D.; Storr, A.; Stute, G. Qualitätskontrolle in der Fertigung - Rechnergeführtes Kontrollsystem. Karlsruhe: KfK, PFT-Bericht, KfK-PFT 23 1982.

/27/ - Meßzyklen-Beschreibung, Sinumerik 3,8. Mitteilung der Fa. Siemens, Erlangen 1984.

/28/ Kanzler,W. NC-Maschine als Koordinatenmeßgerät. wt-Z.ind.Fertig. 71(1981)8, S.469...472.

/29/ Leonards,F. Ein Beitrag zur meßtechnischen Erfassung von Prozeßkenngrößen bei der Drehbearbeitung. Berlin: Dr.-Ing.-Diss., 1978.

/30/ Kohler,P. Automatisiertes Messen mit NC-Werkzeugmaschinen (ISW 54). Berlin, Heidelberg, New York, Tokyo: Springer-Verlag, 1985.

/31/ VDI/DGQ 3441 Statistische Prüfung der Arbeits- und Positionsgenauigkeit von Werkzeugmaschinen (Grundlagen). Berlin, Köln: Beuth-Verlag, 1977.

/32/ DIN/ISO 7498 Kommunikation offener Systeme, Basisreferenzmodell. Berlin, Köln: Beuth-Verlag, 1982.

/33/ Weck,M.; Kühne,L.; Pascher,M.; Vorsteher,D. Entwicklung eines universellen Überwachungsgerätes. Ind.-Anz. 104(1982)96. S.42...44.

/34/ DIN 1319 Grundbegriffe der Meßtechnik, (Blatt 3). Berlin, Köln: Beuth-Verlag, 1972.

/35/ Felten,K. Automatisches Messen an NC-Drehmaschinen. wt-Z.ind.Fertig. 68(1978)10, S.625...630.

/36/ Stute,G.; Kohler,P. Verfahren zur Vermessung von Werkzeugmaschinen. wt-Z.ind.Fertig. 72(1982)8, S.421...424.

/37/ Kersten,A. Geometrisches Verhalten von Werkzeugmaschinen unter statischer und thermischer Last.
Aachen: Dr.-Ing.-Diss., 1983.

/38/ Mester,U. Temperaturstrahlung und Strahlungsthermometer.
Information der Fa. Heimann, Wiesbaden.

/39/ Wehrmann,W. Korrelationstechnik. Kontakt und Studium Bd. 14.
Grafenau: Expert-Verlag, 1977.

/40/ Bronstein, I.N.; Semendjajew, K. A. Taschenbuch der Mathematik.
Leipzig: Teubner Verlagsgesellschaft, 1974.

/41/ - NC-Längenmeßsysteme.
Information der Fa. Heidenhain, Traunreut.

/42/ - Sensorschnittstelle für Roboter- und Fertigungssysteme.
BMFT-Verbundprojekt "Intelligente Sensorsysteme, Nov. 1985.

/43/ - Feldbus-Normvorschlag.
Veröffentlichung der Fa. Siemens, ESTE 233, Karlsruhe, April 1986.

/44/ Weck, M. Steuerungssysteme.
wt-Z.ind.Fertig. 73 (1983)6, S.383...387.

ISW Forschung und Praxis

Berichte aus dem Institut für Steuerungstechnik der Werkzeugmaschinen und Fertigungseinrichtungen der Universität Stuttgart

Herausgegeben bis Band 57 von Prof. Dr.-Ing. G. Stute †
ab Band 58 Prof. Dr.-Ing. G. Pritschow

1 D. Schmid, Numerische Bahnsteuerung, 89 S., 1972

2 H. Schwegler, Fräsbearbeitung gekrümmter Flächen, 111 S., 1972

3 J. Eisinger, Numerisch gesteuerte Mehrachsenfräsmaschinen, 90 S., 1972

4 R. Nann, Rechnersteuerung von Fertigungseinrichtungen, 125 S., 1972

5 G. Augsten, Zweiachsige Nachformeinrichtungen, 140 S., 1972

6 B. Karl, Die Automatisierung der Fertigungsvorbereitung durch NC-Programmierung, 121 S., 1972

7 H. Eitel, NC-Programmiersystem, 117 S., 1973

8 E. Knorr, Numerische Bahnsteuerung zur Erzeugung von Raumkurven auf rotationssymetrischen Körpern, 131 S., 1973

9 S. Bumiller, Viskohydraulischer Vorschubantrieb, 123 S., 1974

10 K. Maier, Grenzregelung an Werkzeugmaschinen, 139 S., 1974

11 J. Waelkens, NC-Programmierung, 159 S., 1974

12 E. Bauer, Rechnerdirektsteuerung von Fertigungseinrichtungen, 138 S., 1975

13 H. König, Entwurf und Strukturtheorie von Steuerungen für Fertigungseinrichtungen, 206 S., 1976

14 H. Damsohn, Fünfachsiges NC-Fräsen, 143 S., 1976

15 H. Jetter, Programmierbare Steuerungen, 141 S., 1976

16 H. Henning, Fünfachsiges NC-Fräsen gekrümmter Flächen, 179 S., 1976

17 K. Boelke, Analyse und Beurteilung von Lagesteuerungen für numerisch gesteuerte Werkzeugmaschinen, 106 S., 1977

18 F.-R. Götz, Regelsystem mit Modellrückkopplung für variable Streckenverstärkung, 116 S., 1977

19 H. Tränkle, Auswirkungen der Fehler in den Positionen der Maschinenachsen beim fünfachsigen Fräsen, 103 S., 1977

20 P. Stof, Untersuchungen über die Reduzierung dynamischer Bahnabweichungen bei numerisch gesteuerten Werkzeugmaschinen, 118 S., 1978

21 R. Wilhelm, Planung und Auslegung des Materialflusses flexibler Fertigungssysteme, 158 S., 1978

22 N. Kappen, Entwicklung und Einsatz einer direkten digitalen Grenzregelung für eine Fräsmaschine mit CNC, 123 S., 1979

23 H. G. Klug, Integration automatisierter technischer Betriebsbereiche, 124 S., 1978

24 D. Binder, Interpolation in numerischen Bahnsteuerungen, 132 S., 1979

25 O. Klingler, Steuerung spanender Werkzeugmaschinen mit Hilfe von Grenzregeleinrichtungen (ACC), 124 S., 1979

26 L. Schenke, Auslegung einer technologisch-geometrischen Grenzregelung für die Fräsbearbeitung, 113 S., 1979

27 H. Wörn, Numerische Steuersysteme-Aufbau und Schnittstellen eines Mehrprozessorsteuersystems, 141 S., 1979

28 P. B. Osofisan, Verbesserung des Datenflusses beim fünfachsigen NC-Fräsen, 104 S., 1979

29 J. Berner, Verknüpfung fertigungstechnischer NC-Programmiersysteme, 101 S., 1979

30 K.-H. Böbel, Rechnerunterstützte Auslegung von Vorschubantrieben, 113 S., 1979

31 W. Dreher, NC-gerechte Beschreibung von Werkstücken in fertigungstechnisch orientierten Programmiersystemen, 105 S., 1980

32 R. Schurr, Rechnerunterstützte Projektsteuerung hydrostatischer Anlagen, 115 S., 1981

33 W. Sielaff, Fünfachsiges NC-Umfangfräsen verwundener Regelflächen. Beitrag zur Technologie und Teileprogrammierung, 97 S., 1981

34 J. Hesselbach, Digitale Lageregelung an numerisch gesteuerten Fertigungseinrichtungen, 111 S., 1981

35 P. Fischer, Rechnerunterstützte Erstellung von Schaltplänen am Beispiel der automatischen Hydraulikplanzeichnung, 111 S., 1981

36 U. Ackermann, Rechnerunterstützte Auswahl elektrischer Antriebe für spanende Werkzeugmaschinen, 118 S., 1981

37 W. Döttling, Flexible Fertigungssysteme – Steuerung und Überwachung des Fertigungsablaufs, 105 S., 1981

38 J. Firnau, Flexible Fertigungssysteme – Entwicklung und Erprobung eines zentralen Steuersystems, 112 S., 1982

39 A. Herrscher, Flexible Fertigungssysteme – Entwurf und Realisierung prozeßnaher Steuerungsfunktionen, 103 S., 1982

40 U. Spieth, Numerische Steuersysteme – Hardwareaufbau und Ablaufsteuerung eines Mehrprozessorsteuersystems, 115 S., 1982

41 A. Schimmele, Rechnerunterstützter Entwurf von Funktionssteuerungen für Fertigungseinrichtungen, 106 S., 1982

42 M. Sanzenbacher, NC-gerechte Beschreibung von Werkstücken mit gekrümmten Flächen, 105 S., 1982

43 W. Walter, Interaktive NC-Programmierung von Werkstücken mit gekrümmten Flächen, 112 S., 1982

44 J. Huan, Bahnregelung zur Bahnerzeugung an numerisch gesteuerten Werkzeugmaschinen, 95 S., 1982

45 H. Erne, Taktile Sensorführung für Handhabungseinrichtungen – Systematik und Auslegung der Steuerungen, 111 S., 1982

46 D. Plasch, Numerische Steuersysteme – Standardisierte Softwareschnittstellen in Mehrprozessor-Steuersystemen, 112 S., 1983

47 Z. L. Wang, NC-Programmierung – Maschinennaher Einsatz von fertigungstechnisch orientierten Programmiersystemen, 103 S., 1983

48 J. Schwager, Diagnose steuerungsexterner Fehler an Fertigungseinrichtungen, 121 S., 1983

49 P. Klemm, Strukturierung von flexiblen Bediensystemen für numerische Steuerungen, 113 S., 1984

0 W. Runge, Simulation des dynamischen Verhaltens elektrohydraulischer Schaltungen – Einsatz von geräteorientierten, universellen Simulationsbausteinen, 132 S., 1984

1 H. Steinhilber, Planung und Realisierung von Werkzeugversorgungssystemen für die NC-Bearbeitung, 126 S., 1984

2 R. Ohnheiser, Integrierte Erstellung numerischer Steuerdaten für flexible Fertigungssysteme, 115 S., 1984

3 M. Keppeler, Führungsgrößenerzeugung für numerisch bahngesteuerte Industrieroboter, 125 S., 1984

---

4 P. Kohler, Automatisiertes Messen mit NC-Werkzeugmaschinen, 129 S., 1985

5 K.-H. Rieger, Rechnerunterstützte Projektierung der Hardware und Software von speicherprogrammierten Steuerungen, 123 S., 1985

6 G. Vogt, Digitale Regelung von Asynchronmotoren für numerisch gesteuerte Fertigungseinrichtungen, 126 S., 1985

7 S. Chmielnicki, Flexible Fertigungssysteme – Simulation der Prozesse als Hilfsmittel zur Planung und zum Test von Steuerprogrammen, 120 S., 1985

8 W. Renn, Struktur und Aufbau prozeßnaher Steuergeräte zur Verkettung in flexiblen Fertigungssystemen, 137 S., 1986

9 K. Harig, Quantisierung im Lageregelkreis numerisch gesteuerter Fertigungseinrichtungen, 113 S., 1986

0 H. Frank, Programmier- und Überwachungsfunktionen für teileartbezogene NC-Werkzeugmaschinen, 115 S., 1986

1 H. Möller, Integrierte Überwachungs- und Diagnose-Systeme für numerische Steuerungen, 131 S., 1986

2 H. Fink, Einsatz speicherprogrammierbarer Steuerungen in der Fertigungstechnik, 126 S., 1986

3 J. Fleckenstein, Zustandsgraphen für SPS – Grafikunterstützte Programmierung und steuerungsunabhängige Darstellung, 139 S., 1987

4 E. Wagner, Steuerungen von Koordinatenmeßgeräten mit schaltenden und messenden Tastsystemen, 133 S., 1987

5 W. Grimm, Diagnosesystem für steuerungsperiphere Fehler an Fertigungseinrichtungen, 143 S., 1987

6 W. Swoboda, Digitale Lageregelung für Maschinen mit schwach gedämpften schwingungsfähigen Bewegungsachsen, 141 S., 1987

7 G. Gruhler, Sensorgeführte Programmierung bahngesteuerter Industrieroboter, 119 S., 1987

8 B. Walker, Konfigurierbarer Funktionsblock Geometriedatenverarbeitung für numerische Steuerungen, 125 S., 1987

9 J. Mayer, Werkzeugorganisation für flexible Fertigungszellen und -systeme, 126 S., 1988

0 R. Lederer, Programmierung von NC-Drehmaschinen mit mehreren Werkzeugschlitten, 120 S., 1988

1 G. Häberle, NC-Musterprogrammierung für die rechnerintegrierte Textilfertigung, 127 S., 1988

2 D. Pfeiffer, Kompensation thermisch bedingter Bearbeitungsfehler durch prozeßnahe Qualitätsregelung, 136 S., 1988

Die Bände sind im Erscheinungsjahr und in den folgenden drei Kalenderjahren zu beziehen durch den örtlichen Buchhandel oder durch Lange & Springer, Otto-Suhr-Allee 26–28, 1000 Berlin 10.

GPSR Compliance

The European Union's (EU) General Product Safety Regulation (GPSR) is a set of rules that requires consumer products to be safe and our obligations to ensure this.

If you have any concerns about our products, you can contact us on ProductSafety@springernature.com

In case Publisher is established outside the EU, the EU authorized representative is:

Springer Nature Customer Service Center GmbH
Europaplatz 3
69115 Heidelberg, Germany

Batch number: 10682421

Printed by Printforce, the Netherlands